02 수학 교사를 위한 지침서
대한수학교육학회 번역시리즈

Developing Essential Understanding of
Multiplication and Division
for Teaching Mathematics

곱셈과 나눗셈의 필수 이해

백석윤 · 류현아 · 이종영 · 도주원 옮김

idea

NCTM NATIONAL COUNCIL OF TEACHERS OF MATHEMATICS

KYOWOOSA 교우사

Developing essential understanding of
multiplication and division
for teaching mathematics in grades 3-5
(ISBN 978-0873536677)]

This Korean edition was published by KyoWooSa Publishing Company in 2016 by arrangement with National Council of Teachers of Mathematics through KCC(Korea Copyright Center Inc.), Seoul.

이 책은 (주)한국저작권센터(KCC)를 통한 저작권자와의 독점계약으로
교우사에서 출간되었습니다.

역자 서문

수학을 왜 가르치고 배워야 하는가에 대한 답변은 시대의 변화에 따라 달라질 것이다. 세계는 지식기반정보화 사회, 즉 3차 산업혁명 시대를 넘어 기계와 제품의 지능화와 사물인터넷으로 요약할 수 있는 4차 산업혁명 시대에 접어들었다. 이러한 변화 속에서 수학교육은 어떤 모습이어야 하는가에 대한 고민이 필요하다.

이 책은 NCTM의 필수 이해 시리즈(Essential Understanding Series)를 대한수학교육학회의 주관 하에 번역한 것 중 한 권으로, 위의 문제에 대한 직접적인 답을 주지는 못하지만 시의적절하게 우리나라의 수학교육을 반성할 기회와 제언을 제공할 수 있을 것이다. 교육과정을 수학 수업으로 실행하는 주체이자 교수학습 활동의 전문가인 교사의 역할에 대한 강조는 수학교육의 세계적인 추세이다. 교사 전문성을 개발하기 위한 여러 방면의 연구가 진행 중이다. 필수 이해 시리즈는 수학 수업의 주체인 교사가 학생들을 지도할 때 참고할 수 있는 특정 수학 주제에 대한 자료이다.

이 책은 필수 이해 시리즈 중 곱셈과 나눗셈 학습의 초기인 초등학교 3학년부터 5학년 학생들의 곱셈과 나눗셈에 대한 필수 이해를 다루고 있다. 곱셈과 나눗셈은 초등 수학에서의 기초 연산으로서 앞서 배운 수, 덧셈과 뺄셈, 유리수, 대수적 사고 등을 토대로 하는 초등학교 수학의 기초적이면서도 중요한 내용이다. 또한, 곱셈과 나눗셈은 이후 연계된 수학 학습을 성공적으로 수행하기 위해서 필수적인 연산이다.

수학교육적 관점에 따라 초등 수학에서의 연산 지도의 방식에 차이가 있을 수 있다. 하지만 대체로 초기에는 학생의 개인적 경험으로부터 귀납적으로 시작하여 수학화로 진행되어야 한다는 점과, 형식화 과정에서는 각 연산이 갖는 의미, 기능, 절차 등의 면에서 서로의 관련성에 대한 파악을 통해 이루어져야 된다고 보고 있다. 이와 같은 입장에서 곱셈과 나눗셈 지도와 관련하여 두 측면에 대하여 언급하고자 한다. 첫째, 학생들은 교사로부터 곱셈과 나눗셈의 의미와 식으로의 표현 및 계산 방법을 형식화된 지식으로 배우기 이전에 이미 개인적인 일상 경험으로부터 곱셈과 나눗셈에 관련된 비형식적 지식을 지니고 있다. 의미 있는 지도는 이 두 형태의 지식을 어떻게 연결해주는가에 달려있다고 할 수 있다. 둘째, 곱셈과 나눗셈은 각각 덧셈, 뺄셈과 동수누가, 동수누감의 개념으로 연결시키는 것을 시작으로 각각에 대한 이해를 발전시켜야 한다. 또한, 곱셈과 나눗셈을 서로 관련지을 수 있는 다양한 수학적 상황을 경험시킬 필요가 있다.

이 책에서 제안하는 '핵심 아이디어'나 '필수 이해'는 앞서 언급한 곱셈, 나눗셈 지도의 두 가지 측면에서의 논의를 통해 구성되고 있다고 할 수 있다. 이 책은 곱셈과 나눗셈에 대한 '핵심 아이디어'와 '필수 이해'를 다루기 위해 도입부에 이어 총 3개의 장으로 구성되어 있다. 1장에서는 곱셈과 나눗셈에 관한 '핵심 아이디어'와 '필수 이해'를 제시하고 있다. 곱셈과 나눗셈 각각의 아이디어 자체뿐만 아니라 아이디어 간의 연결에 대해 생각해 보고, '생각해보기 질문'에 대해 숙고하면서 곱셈과 나눗셈에 대한 독자의 이해를 보완, 강화시키고 있다. 2장은 곱셈과 나눗셈에 관한 아이디어가 학생들이 이미 직면했거나 이후에 직면하게 될 수학에서 어떻게 연결되는지 이해할 수 있는 기회를 제공하고 있다. 마지막으로, 3장에서는 곱셈과 나눗셈에 관련된 교수, 학습 및 평가에 대해 제시하고 있다.

본 역자는 이 책의 내용을 가감 없이 온전하게 전달하고자 하였으며, 이 책에 담긴 '필수 이해'와 이를 예시하는 다양한 사례를 통해 초등학생에게 곱셈과 나눗셈을 의미충실하게 지도하는데 필요한 교사 전문성이 체득될 수 있기를 기대한다. 끝으로, 이 책의 출판을 위한 교우사 관계자 여러분의 노고에 깊은 감사의 뜻을 전하는 바이다.

2016. 10.
역자 일동

- 차례 -

서문

유아·유치원(prekindergarten)에서 12학년까지의 수학을 가르치기 위해서는 수학에 대한 특별한 이해가 필요합니다. 유능한 수학 교사들은 설명법을 찾고, 수학 안과 밖의 주제들 간의 내용을 접목시키면서 자신들이 가르쳐야 하는 내용 자체뿐만 아니라 그 이상을 생각합니다. 가르치는 주제에 대하여 학생들에게 어떤 수학이 중요한지 아는 교사들을 만날 때, 학생들은 교육과정과 학업 성취에 대한 기대치를 더 잘 충족할 수 있게 됩니다.

미국수학교사협의회(NCTM)가 출간한 「필수 이해 시리즈(Essential Understanding Series)」는 2006년에 출판된 「유아·유치원에서 8학년까지의 수학을 위한 교육과정 초점 사항: 일관성을 위한 요구(Curriculum Focal Points for Prekindergarten through Grade 8 Mathematics : A Quest for Coherence)」와 2009년에 발간한 「고등학교수학의 초점 : 추론과 이해(Focus in High School Mathematics: Reasoning and Sense Making)」의 정신에 따라 학교수학교육과정에 집중하였습니다. 「필수 이해 시리즈」는 학생들을 가르칠 때 도움이 될 수 있도록, 특정 수학 주제에 대하여 개인의 지식을 넓히고 질을 향상시키기 위해 수학적으로 사고하고 싶은 교사와 동료를 위한 자료입니다. 각 책의 주제는 학생들은 배우기 어렵고, 교사는 가르치기 힘들며, 학생들이 학습자로서의 성공과 그들의 미래의 삶과 진로에 매우 중요한 역할을 할 수 있는 수학적 영역을 다루고 있습니다.

교사로서, 연구자로서 그리고 수학자로서의 자신들의 경험에 기반을 두고 저자들은 각 책의 주제에 중심이 되는 핵심 아이디어를 설명하고 있습니다. 필수 이해—주제의 본질을 포착하는 수학적 관점—가 모여서 각각의 핵심 아이디어를 이룹니다. 종합적으로, 핵심 아이디어와 필수 이해는 집중적이고 연결되며 유용한 수학적 관점을 교사들에게 제공합니다. 학생들이 학교수학에서 선수 학습이나 후속 학습으로 배우게 되는 주제를 교수 및 평가와 연결시켜 주는 것은 교사의 수학에 대한 필수 이해의 관련성과 중요성을 설명해 줍니다.

이 시리즈를 만들 수 있게 도와준 모든 사람들에게 이사회를 대신하여 진심으로 감사를 표합니다. 특별히 시리즈의 편집자로서 리더십을 발휘한 Rose Mary Zbiek에게 감사의 뜻을 전합니다. 필수 이해 프로젝트팀과 함께 이 책들을 접하는 여러분을 환영하며, 여러분들이 앞으로도 수학을 배우고 가르치는 것에 대하여 오랫동안 즐길 수 있기를 바랍니다.

Henry Kepner
회장, 2008-2010
미국수학교사협의회

머리말

유아·유치원에서 12학년까지, 수학과 교육과정은 학생들의 발달에 중심이 되는 중요한 주제들을 포함하고 있다. 이 주제들을 이해한 학생들은 새로운 수학 분야로 자연스럽게 넘어가며 자신감을 가지고 계속 발전해 가게 된다.

그러나 이 주제들 중 많은 부분은 전통적으로 배우거나 가르치기가 어려웠으며, 학생들의 발달을 점검하기 위한 문지기로서의 역할을 하기보다는 장애물 역할을 하는 것으로 증명되었다. 이러한 주제들에 대하여 기초를 단단히 다지지 못한 학생들은 수학이나 관련된 교과목에서 후속 학습을 할 때 대개 가속도를 내지 못하고 활동을 해 나가는 데 어려움을 겪는다.

「필수 이해 시리즈」는 모든 단계에서 이런 주제들을 분석했다. 학생들에게 이런 주제들을 가르치는 교사들은 학생들이 수학적 성취를 이루는 데 중요한 역할을 한다. 이 시리즈의 각 책은 여러분처럼 단지 유능함을 넘어서 교실에서 훌륭한 교사가 되고 싶은 사람들에게 학생들이 꾸준히 수학적으로 발달할 수 있도록 한 가지 또는 더 많은 주제들에 대하여 이해를 풍부히 할 수 있도록 돕는다.

얼마나 알아야 하는가?

이러한 어려운 주제들을 효과적으로 가르치기 위해서는 폭넓고 깊은 수학적 이해에 관심을 가져야 한다. 그런데 어려운 것은 학생들이 알고 배워야 할 것이라고 기대하는 것 이상으로 교사는 그 주제들에 대해 더 많이 알아야 한다는 것이다.

왜 그렇게 광범위한 지식이 필요한 것인가? 왜 가르쳐야 하는지에 대한 것과 학생들이 알아야하는 것 이상의 지식이여야 하는가? 이 질문에 대한 답은 많은 요소로 설명할 수 있다.

학생들에게 성공적인 학습경험이 되도록 계획하기 위해서는 다양한 모델들과 표현을 이해해야 하며, 어떠한 경우에는 교육과정을 평가하고 수업을 계획하면서 여러 기술들을 익혀야 할 때도 있다. 교사는 과제들을 선택하고 실행하면서 무엇을 강조해야하는지 알아야 하며 그것들이 수학적으로 왜 중요한지도 알아야한다.

교사는 수업하면서 학생들이 당혹해 할 것을 예상해야 하고, 학생들이 그러한 함정을 피해갈 수 있도록 도와줘야 하며, 오개념을 인지하고 바로 잡아야 한다. 또한 예측하지 못한 수업 상황들을 활용하여 다양한 수학 주제들을 연계하여야 한다. 만약 평가에서 학생들이 수업에서 다룬 내용을 잘 이해하지 못한 것으로 나타난다면, 학생들이 이해하지 못한 부분을 어떻게 설명할 것인지 알아야 한다. 한 번에 알아듣지 못하는 학생들을 위해 다양한 방법으로 수학을 묘사하도록 다양한 방면에 대해 충분히 이해해야 한다. 또한, 전체 수학교육과정에 비추어 그 주제가 어디에 연계되는지 알아야 한다. 그리고 학생들의 생각이 어디에서부터 오며, 추후 학습에서는 학생들이 수학적으로 어디로 향해 나아갈지도 알아야 한다.

이러한 일들을 수학적으로 수행하는 것이 무리한 요구로 들릴 수도 있다. 그러나 교사가 폭넓게 수학적으로 이해해야 학생들을 잘 인도하고 학생들이 순조롭게 학습할 수 있도록 다양하게 지도할 수 있게 된다.

「필수 이해 시리즈」가 어떤 도움이 되는가?

「필수 이해 시리즈」는 여러분이 지도하는 내용에 대한 지식을 강화시키도록 수학에 대하여 철저히 점검할 수 있는 기회를 제공한다. 이 책들은 학생들에게 사용할 수 있는 자료를 직접적으로 제공하지도 않을 뿐더러, 학급 관리나 가르치는 방식, 또는 평가 기법들을 다루지도 않는다. 그 대신 이 책들은 수학적 내용에 관한 주제들, 즉 수업을 준비할 때 필요한 아이디어와 이해, 수업 지도, 학생들과의 일대일 상호작용, 그리고 평가에 대해 집중적으로 다룬다.

저자들이 주제에 어떻게 접근하고 있는가?

저자들은 각 주제에 대해 "핵심 아이디어(big ideas)"와 "필수 이해(essential understandings)"로 구분하고 있다. 핵심 아이디어는 하나의 수학적인 주제에 중심이 되고 비교적 작으면서 많은 수학적 아이디어들을 묶어 일관성 있게 하나로 연결하는 광범위한 개념의 중요한 수학적 진술이다. 이 책에서 각각의 핵심 아이디어들과 관련된 비교적 작고 구체적인 주제들을 **필수 이해**라고 부른다. 저자들은 핵심 아이디어들의 특징적인 측면들을 부각하고 이에 대한 풍부한 증거를 제공한다.

핵심 아이디어들은 수학에 있어 매우 큰 가치를 가지고 있다. 서로 관련된 필수 이해들을 꾸준히 연구함으로써 매우 압축된 진술문의 힘과 가치를 느낄 수 있을 것이다. 다수의 이런 작은 개념들을 완벽히 이해하고 이를 통해 핵심 아이디어들에 접근하는 것은 여러분의 지적 자산과 수업의 가능성들을 상당히 증대시켜 줄 것이다.

교사의 역할 중의 하나로 수학적 아이디어를 연구하면서, 여러분은 아마도 이런 필수 이해들이 학생들에게 어려운 주제들 중 하나를 제시하기 위하여 교사에게 필요한 이해의 핵심이라는 것을 알아차렸을 것이다. 이런 필수 이해라는 수학적 조각들이 모여 핵심 아이디어를 구성하기 때문에 이를 잘 아는 것이 매우 중요하다.

이 책들은 어떻게 구성되어 있는가?

「필수 이해 시리즈」의 모든 책들은 같은 구조를 가지고 있다.

- 서론에서는 개요와 특정 주제들을 선정한 이유들을 설명하며, 교사들과 학생들이 알아야 하는 것의 몇 가지 차이점들을 강조한다.
- 1장은 이 책의 핵심이며, 핵심 아이디어들과 그에 관련된 필수 이해들을 구분하여 검토하였다.
- 2장에서는 1장에서 다룬 개념들을 각 학년에서 나오는 수

학적 개념들이나 학생들이 선수나 후속으로 수학을 공부할 때 마주칠 다른 수학적 개념들과의 관련성을 고려하여 살펴본다.

- 3장에서는 개념들을 다루면서 나온 주제들에 관련된 필수적인 개념들을 이해하는 데 겪는 학생들의 어려움들을 다루는 것으로 마무리 짓는다. 그리고 학생들의 사고 발달을 분석하고, 학생들의 이해도를 평가하며, 그들에게 주제들을 제시할 수 있게 안내한다.

1장에는 핵심 아이디어들과 필수 이해들을 논의하는 가운데 "생각해보기"라고 분류된 질문들을 군데군데 넣었다. 읽으면서 잠시 멈춰 이것들에 대해 스스로 생각해 보거나 동료들과 논의해보는 것이 중요하다. 자료들에 이러한 방식으로 접근하는 것은 이 책을 읽는 경험을 참여적이고 상호적이며 역동적이게 할 수 있을 것이다.

생각해보기 질문들은 같은 지역 교사들이나 온라인상에 연결된 같은 학군의 교사들, 그리고 나아가 시 전체의 교사들과의 대화의 주제가 될 수 있을 것이다. 그러므로 이 생각해보기 질문들과 관련해서는 교사들이나 예비교사들이 개인이나 집단으로 대학 수업 혹은 그 이후에 공식적 또는 비공식적 경험을 위한 도구로써 이 책을 사용하는 경우가 더 많아지도록 할 것이다.

새로운 관점

「필수 이해 시리즈」는 교사에게 폭넓고 깊은 수학적 이해를 지원함으로써 학생들이 다양한 방법으로 도움을 받을 수 있게 하기 위한 것이다. 논의되는 수학과, 교육과정 상 학생들이 이전과 이후에 배우게 될 수학의 관련성을 고려함으로써 이 책은 흔치 않은 깊이와 학교수학의 수직적 연계성에 대한 통찰력을 제공한다.

이 시리즈는 「학교수학을 위한 원리와 규준(Principles and Standards for School Mathematics)」(NCTM, 2000), 「유아·유치

원~8학년까지의 교육과정 초점 사항: 추론과 이해(Curriculum Focal Points for Prekindergarten through Grade 8 Mathematics: Reasoning and Sense Making)」(NCTM, 2009), 그리고 「내비게이션(Navigations) 시리즈」(NCTM, 2001-2009)의 배경과 대비하여 진술하고 있다. 이 새로운 책들은 내용－기반 교사의 전문성 발달의 기회를 제공하는 데 중요한 역할을 한다.

다른 출판물들은 차례차례 새로운 책에 살을 붙이고 질을 높이는 데 사용할 수 있다. 이 책을 읽은 후에, 예를 들어, 학생들이 「필수 이해 시리즈」에서 논의된 주제들에 대한 통찰력을 기르도록 직접적으로 할 수 있는 규준 기반 활동들을 내비게이션 시리즈에서 골라낼 수도 있을 것이다. 만약 유아·유치원에서 8학년까지를 가르친다면, 「교육과정 핵심 사항(Curriculum Focal Points)」에서 제시한 3가지 중점들을 이용해 여러분의 심층적인 이해를 접목시켜 제시할 자료를 가지고 학생들의 수준에 맞추어 안내할 수 있을 것이다. 그리고 9학년에서 12학년 학생들을 가르친다면, 「고등학교수학에서 초점(Focus in High School Mathematics)」에 나와 있는 것처럼 여러분이 이해한 것을 이용하여 학생들이 수학적 증명이나 이해를 형성할 수 있는 방법들을 풍부하게 할 수도 있을 것이다.

질 높은 이해는 새로운 관점을 제공하며 가르치는 데 있어 새로운 에너지를 불어 넣는다. 우리는 여러분이 이 책을 읽으면서 습득한 이해가 학생들이 그들의 수학적 성공을 확신시켜 주는 주제들을 완벽히 이해하도록 돕는 것을 지원해줄 수 있기를 소망한다.

마지막으로 초고에 대해 사려 깊은 검토를 해 준 Leslie M. Bricker, Joel Haack, Rhoda Inskeep, Gladis Kersaint, Sharon Lewandowski, Diane Thiessen에게 감사를 표한다. 이들이 보여 준 통찰과 제안은 저자들의 아이디어를 충실히 하는데 큰 도움이 되었다. 저자들은 이 책을 준비하는 과정에서 유용한 공헌을 해 준 Roes Zbiek과 Ed Rathmell에게도 감사를 표한다.

서론

이 책은 곱셈과 나눗셈(multiplication and division)에 대한 아이디어에 초점을 맞추고 있다. 이러한 아이디어는 3~5학년의 수학을 효과적으로 가르치기 위해 교사가 충분히 이해해야 하고 유연하게 사용할 수 있어야 하는 것이다. 이 책은 초등학교 교육과정에서 주로 다루는 여러 가지 수학적 아이디어에 대해 논의하며, 교사는 자신의 학생들이 학습할 수학을 깊이 있게 탐구하고 그 이상으로 확장하도록 스스로에게 동기를 부여한 다양한 수학 경험을 가지고 있다고 가정한다.

이 책은 교사가 이러한 아이디어에 참여할 수 있도록 설계되었고, 곱셈과 나눗셈의 복잡성을 반영하여 수업을 계획하고 실행하며 학생들의 학습을 평가하도록 이끄는 이해를 교사가 개발할 수 있도록 도와줄 것이다. 곱셈과 나눗셈에 관한 아이디어를 깊고 풍부하게 이해하는 것은 학생들이 학교수학의 경험 전반에 걸쳐 접하였고 앞으로도 지속적으로 접하게 될 수학에 이러한 아이디어가 어떻게 스며들어 있는지를 보여줌으로써, 그 영향력과 범위에 대해 학생들과 소통할 수 있도록 해준다.

이러한 연구로부터 교사가 얻게 되는 곱셈과 나눗셈에 관한 이해는 「학교수학을 위한 원리와 규준」(NCTM, 2000)에 제시된 비전을 뒷받침한다. "모든 학생이 높은 수준의 흥미로운 수학 수업에 참여하는 교실, 학교 또는 학군을 상상하자(p. 3)." 이 비전의 성취는 "전문가로 끊임없이 성장하고 있고(p. 3)", 수학을 이해하며 학습하도록 도울 수 있는 의미 있는 경험에 학생을 일상적으로 참여시키는 교사에게 달려있다.

왜 곱셈과 나눗셈인가?

NCTM의 「필수 이해 시리즈」의 모든 책에 제시된 주제와 마찬가지로, 곱셈과 나눗셈은 학생의 학습에 있어서 대단히 중요하지만, 교사가 가르치기에는 도전적인 학교수학의 주요 영역이다. 3~5학년 학생들이 이후의 수학 학습에서 성공하기 위해서는 이 연산을 잘 이해해야 한다. 학생들은 종종 곱셈과 나눗셈에 대한 아이디어와 관련해서 어려움을 겪는다. 예를 들어, 곱셈과 동수누가 사이의 관계는 무엇인가? 많은 학생들은 곱셈을 동수누가 방식으로만 이해하고 있다. 여러 가지 연산이 서로 어떻게 관련되어 있는지를 이해해야 한다는 중요성과 능숙하게 계산하려는 도전정신은 3～5학년의 교사들이 곱셈과 나눗셈에 대하여 잘 이해하기 위해서 필수적이다.

3～5학년의 수학 교사로서 해야 할 일은 교사, 학교, 학군 및 해당 주의 교육과정에서 학생들이 곱셈과 나눗셈에 관해 학습하기를 기대하는 수학을 견고하게 이해하는 것이다. 또한 교사는 이러한 수학이 실제 수업에서, 현 학년과 앞으로의 학년에서 학생들이 배울 다른 수학적 아이디어와 어떻게 관련되는지 알아야 한다. 풍부한 수학적 이해는 수업에서 과제 선정하기, 질문하기, 자료 선택하기, 시간에 따라 주제와 아이디어 순서 짓기, 학생 활동의 질을 평가하기, 학생의 사고를 자극하고 도울 수 있는 방법 고안하기와 같이 교사가 해야 하는 많은 부분에서 교사의 의사결정을 안내한다.

곱셈과 나눗셈 이해하기

교사가 수학을 가르치는 이유는 다른 사람들이 학교, 직장, 삶에서 성공하고 만족할 수 있는 방법으로 수학을 이해하기를 바라기 때문이다. 교사는 학생들이 곱셈과 나눗셈에 대해 탄탄하고 지속적인 이해를 갖도록 돕기 위해 수학을 깊이 있게 이해해야 한다. 그렇다면 이것은 무엇을 의미하는가?

곱셈과 나눗셈 같은 수학 영역을 이해한다는 것이 어떠한 사실을 알고, 특정한 유형의 문제를 해결할 수 있으며 관련된 어휘에 능통하다는 것으로 생각하기 쉽다. 예를 들어, 초등학교 고학년 교사는 “범자연수에서 곱셈은 결합법칙이 성립한다.”와 같은 사실을 알고 있을 것이다. 큰 수를 서로 곱하는 것이 포함된 문제를 푸는 데에서도 능숙할 것이다. 또한 교사는 **곱, 제**

수, 나머지, 인수, 배수와 같은 수학적 어휘들을 알고 있을 것이다.

물론 특정한 유형의 문제를 해결하기 위한 사실, 어휘, 테크닉이 교사가 곱셈과 나눗셈에 관하여 알고 있을 것이라 기대하는 전부는 아니다. 예를 들어, 교사는 학생과의 활동에서 곱셈과 나눗셈의 공통 알고리즘을 알고 있어야 할뿐만 아니라, 학생들이 고안한 전략을 이해하고 평가하며 정당화할 수도 있어야 한다.

3~5학년의 모든 수학교사들이 곱셈과 나눗셈에 대해 알고 있어야 하고, 가르쳐야 하는 수학적 아이디어의 매우 긴 목록에 초점을 맞추는 것은 쉽다. 교육과정 개발자들은 종종 그러한 목록을 개발하고 제시한다. 하지만, 개별적인 항목들이 중요할 수 있어도 이러한 목록들은 주제에 대한 풍부한 이해의 본질을 담아낼 수 없다. 곱셈과 나눗셈을 심도 있게 이해하기 위해서는 중요한 수학적 아이디어를 아는 것뿐만 아니라 어떻게 이러한 아이디어들이 서로 관련되는지 인식해야 한다. 교사의 이해는 새로운 아이디어를 수용하고 익숙한 아이디어를 새롭게 연결하는 경험과 기회를 통해 계속 성장해 나간다.

뿐만 아니라 곱셈과 나눗셈에 대한 교사의 이해는 학생에게 지도해야 할 내용을 뛰어넘어야 한다. 교사가 알아야 하는 것과 학생들이 학습하기를 기대하는 것 사이의 차이점 중 일부는 쉽게 설명할 수 있다. 예를 들어, 교사는 학생들이 나중에 다루게 되지만 아직은 이해하지 못하는 주제인 두 자리 수끼리의 곱셈이 이항식의 곱셈과 관련이 있다는 점에 대해서도 이해해야 한다.

교사가 알아야 하는 이해와 학생들이 학습하기를 기대하는 이해 사이의 또 다른 차이점은 덜 명확하지만, 교사는 교실에서 겪는 경험을 통해 그 차이점을 어느 정도 알게 된다. 예를 들어, 교사는 곱셈과 나눗셈을 이해함으로써 학생의 예상치 못한 수학적 질문이나 주장의 가치를 알아낸 적이 몇 번이나 있는가? 아니면, 교사가 갖고 있는 지식의 부족 때문에 그러한 기회를 놓쳤던 것은 아닌지, 또는 그 기회를 충분히 유익하게 활용하지 못했었던 것은 아닌지 의심했었던 적은 몇 번이나 있는가?

교사가 거의 확실히 알고 있듯이, 교실에서는 친숙한 수학을 알고 할 수 있는 것만으로는 충분하지 않다. 교사도 새로운 주장을 밝혀내고 정당화하거나 반박할 수 있어야 한다. 이러한 주장과 정당화를 하기 위해서는 학생의 수학 경험과 현행 교육과정 상의 기대수준을 능가하는 아이디어나 기법을 필요로 할 수도 있다. 예를 들어, 교사는 학생으로부터 종종 제기되는 3개 이상의 범자연수를 어떤 순서로 더하거나, 빼거나, 곱하거나 나누어도 결과는 동일하다는 잘못된 주장에 대하여 반박하는 설명을 할 수 있어야 한다. 또는, 곱셈 계산이 왜 "받아올림"이 적합한지를 학생들에게 설명할 수 있어야 한다.

핵심 아이디어와 필수 이해

곱셈과 나눗셈에 대한 이해를 풍부하게 해 주는 많은 특정한 아이디어에 대하여 생각하는 것은 부담스러운 과제일 수 있다. 그러한 수학적 아이디어 전부와 그 사이의 연결성을 설명하기 위해서는 여러 권의 책이 필요할 것이다. 저자들은 이 책에 어떤 아이디어를 포함시킬지 결정하기 위하여 핵심적인 질문을 고려했다. 효과적인 수업을 위해 3～5학년을 가르치는 수학 교사들이 곱셈과 나눗셈에 대해 필수적으로 알아야 하는 것은 무엇인가? 이 질문에 대답하기 위하여 저자들은 다양한 자료를 수집했는데, 여기에는 수학 학습 및 교수에 관한 연구, 수학 및 수학교육 분야 동료들의 전문 지식, 검토위원 및 전문성 개발자의 반응, 교육과정 자료에서의 아이디어뿐만 아니라 개인적인 경험까지 포함된다.

그 결과, 이 책의 수학 내용은 곱셈과 나눗셈에 대해 교사들이 필수적으로 알아야 할 내용에 초점을 맞춘다. 특히 1장은 이러한 수학의 중요한 영역과 관련된 5가지 핵심 아이디어를 중심으로 정리되어 있다. 각각의 핵심 아이디어는 이 책에서 필수 이해라 부르는 더 작고, 보다 구체적인 수학적 아이디어에 의해 뒷받침된다.

교수, 학습, 평가를 위한 이점

곱셈과 나눗셈을 이해하는 것은 교사가 「학교수학을 위한 원리와 규준」에 명시된 교수 원리를 실행하는 데 도움이 된다. 이 원리는 수업을 위한 상위 규준을 정한다.

> 수학을 효과적으로 가르치려면, 학생들이 무엇을 알고 있으며 어떤 것을 학습할 필요가 있는지에 대해 이해하여야 하며 학생들이 수학을 잘 학습할 수 있도록 격려하고 뒷받침해야 한다(NCTM, 2000, p. 16).

수학에서 다른 중요한 주제를 가르치는 것과 같이, 곱셈과 나눗셈을 가르치기 위해서는 "일반적인 예비 수학 과정에서 대부분의 교사들이 경험하는 것을 뛰어 넘는(p. 17)" 지식이 필요하다.

1장은 이러한 관점에서 곱셈과 나눗셈에 대한 개요를 제공한다. 이는 이 주제에 관해 교사가 지금껏 접해왔을 여러 가지 논의보다 더욱 집중적이고 포괄적이다. 이 장은 교사의 이해를 보완하고 강화하기 위한 목적으로 곱셈과 나눗셈과 관련된 핵심 아이디어와 필수 이해를 열거하고 설명하며 그에 대한 예를 제공한다. 따라서 1장의 목적은 교사가 학생들에게 곱셈과 나눗셈을 탄탄하게 학습하게하기 위해 필요한 지지와 도전을 제공하면서 교수 원리를 충분히 실행할 수 있도록 준비시키는 것이다.

이러한 방식으로 교사의 이해를 통합하는 것은 「원리와 규준」에 드러난 학습 원리를 실행하도록 교사를 준비시키기도 한다.

> 학생들은 경험과 이전의 지식을 바탕으로 새로운 지식을 능동적으로 구성함으로써 수학을 이해하면서 학습해야 한

다(NCTM, 2000, p. 20).

학생들이 이러한 방식으로 곱셈과 나눗셈을 학습하도록 돕기 위한 교사의 노력을 지지하기 위하여, 2장은 핵심 아이디어와 필수 이해를 학생들이 학교에서 통상적으로 직면하는 수학과 연결되는 구체적인 방법을 보여줌으로써 1장에서 제시한 곱셈과 나눗셈에 대한 이해를 기반으로 한다. 이 장은 학생들이 곱셈과 나눗셈을 학습할 때 장기적인 연결을 강조함으로써 학습 원리를 뒷받침한다. 예를 들어, 학생들의 수학 경험이 확장됨에 따라, 범자연수 범위에서 곱셈과 나눗셈 사이의 관계로부터 시작하여, 분수와 소수 범위에서의 계산에 대한 이해를 발전시키며, 또 이러한 계산에서의 어림셈이나 암산에서 연산과 수의 특성을 능숙하게 사용할 수 있게 된다.

1장과 2장에서 제시하는 이해는 교수의 또 다른 중요한 영역을 강화시킬 수 있다. 3장에서 이러한 영역을 다루는데 1장과 2장을 기반으로 하여 학생이 가지고 있는 학생의 곱셈과 나눗셈에 대한 이해를 평가하기 위하여 적절한 과제, 기술, 도구를 선정하고 개발하는데 곱셈과 나눗셈에 대한 이해가 어떻게 도움이 되는지 보여준다. 곱셈과 나눗셈에 관한 핵심 아이디어와 필수 이해는 그 아이디어를 가지고 학생의 과거와 미래의 경험을 이해하면서 강화되고 교사로 하여금 교실에서 이루어지는 평가가 유의미한 수학 학습을 돕는다는 것을 확신하게 하는 데 도움이 될 수 있다.

그러한 평가는 「원리와 규준」에 제시된 평가 원리의 첫 번째 조건을 만족시킨다.

> 평가는 중요한 수학의 학습을 뒷받침해야 하며 교사와 학생 모두에게 유용한 정보를 제공해야 한다(NCTM, 2000, p. 22).

또한 교사가 곱셈과 나눗셈을 이해함으로써 학생들이 생각하고 있는 것과 이해하는 것에 대한 구체적인 정보를 제공하는 평가 과제를 개발할 수 있게 하고, 이는 평가 원리의 두 번째 조건을 만족시키는 데 도움이 될 수 있다. 예를 들어, 두 개의 두 자리 수인 24와 35의 곱에 대해 질문할 때, 한 학생은 다음과 같이 쓰고,

$$\begin{array}{r} {}^{2} \\ 3\ 5 \\ \times\ 2\ 4 \\ \hline 1\ 4\ 0 \end{array}$$

“5를 4배하면 20이므로 0을 내려 쓰고 2를 올립니다.; 3을 4배하면 12이고, 2가 더 있으므로 14입니다. 그래서 140이라고 썼습니다.; 그리고…”라고 말할 것이다. “이 문제는 곱셈 문제인데 왜 12와 2를 더했니?”라는 질문에 대한 학생의 답변은 그 학생이 두 자리 이상의 수들의 곱으로 확장해가는 일반적인 알고리즘의 방법을 어떻게 이해하는지 보여준다.

시작할 준비하기

서론은 1장에서 접하고 탐구하게 될 곱셈과 나눗셈에 관한 핵심 아이디어와 필수 이해에 교사를 준비시키면서 그 배경을 제시하였다. 각 장을 순서대로 읽는 것이 이 책에 접근하는 매우 유용한 방식이 될 것이다. 1장은 생각하는 시간을 가지고 한 번 이상 읽어보기를 권한다. 곱셈과 나눗셈에 관련된 핵심 아이디어와 필수 이해의 아이디어를 받아들인 후 이러한 아이디어 사이의 연결을 알아볼 수 있다. 그런 다음 새롭게 이해한 것이나 견고하게 이해된 것을 가지고 2장으로 넘어가면, 곱셈과 나눗셈에 관한 아이디어가 학생들이 학교에서 이전에 직면했거나 이후에 직면하게 될 수학에 어떻게 연결되는지 이해하도록 안내할 것이다. 그 다음 3장에서 교수, 학습 및 평가에 관한 내용을 읽어볼 수 있다.

대안적으로 1장과 2장의 수학 아이디어를 읽기 전에 3장을 먼저 살펴볼 수도 있다. 교수, 학습 및 평가의 도전을 분명히

염두에 두고, 그것들에 대한 가능한 접근 방법과 더불어, 1장과 2장의 자료에 대한 다른 관점을 제시할 수 있다.

이 책을 어떻게 읽던지 간에, 곱셈과 나눗셈에 대한 교사의 이해, 적용, 그리고 즐거움을 확장하는 데 도움이 되기를 바란다.

BACK TO SCHOOL
teacher
2x2=4

제1장

곱셈과 나눗셈 : 핵심 아이디어와 필수 이해

「학교수학을 위한 원리와 규준」(Principals and Standards for School Mathematics)(NCTM, 2000)에서는 "초등학생을 위한 수학교육의 핵심은 수 감각을 개발하는 것, 수와 연산을 이해하는 것, 산술 계산을 능숙하게 하는 것이다."라고 주장하였다(p.32). 더욱이 초등학교 고학년에서 곱셈과 나눗셈에 대한 깊은 이해가 확립되어야 할 것이다. 「유아·유치원~8학년까지의 수학을 위한 교육과정 초점 사항 : 일관성을 위한 요구(Curriculum Focal Points for Prekindergarten through Grade 8 Mathematics : A Quest for Coherence)」(NCTM, 2006)에서는 3~5학년에서 곱셈과 나눗셈에 대한 이해를 각 학년의 교육 목표로 설정하고 곱셈과 나눗셈에 대한 이해의 중요성을 강조하였다. 마지막 보고서인 「성공의 기반(Foundation of Success)」에서 수학 자문단(National Mathematics Advisory Panel)(2008)은 초등학생들이 곱셈과 나눗셈을 능숙하게 계산하는 것은 물론 그 의미를 확실하게 이해하도록 지도해야 한다고 하였다. 위의 영향력 있는 세 문헌에서 기술된 바와 같이 이해는 능숙하게 계산하는 것 이상을 포함하고 있다.

이 책의 목적은 범자연수와 유리수의 곱셈과 나눗셈에 관련된 여러 아이디어를 규명하고 설명하는 데 있다. 이 책에서는 다음과 같은 다양한 측면을 살펴보려 한다.

- 곱셈과 나눗셈이 문제를 해결하기 위한 가장 적절한 연산이 되는 상황
- 곱셈과 나눗셈을 표현하는 방법

- 곱셈과 나눗셈으로 추론하는 방법
- 곱셈 및 나눗셈과 다른 수학 주제 사이의 연결성 및 관련성

또한 이 책은 다양한 표현으로부터 얻을 수 있는 수 사이의 관계와 필산, 암산, 표준알고리즘과 비표준알고리즘 등의 계산 알고리즘을 유의미하게 사용하거나 이해하는 데 필요한 추론 과정을 검토할 것이다.

곱셈과 나눗셈에 대한 아이디어를 "풀어헤치는 것"은 더 깊은 이해로 발전시키기 위한 중요한 단계이다. 전문적인 훈련을 받지 않은 사람에게는 오히려 이러한 아이디어들이 가르치기 쉬워 보일지도 모른다. 하지만 초등학교 3~5학년 학생을 가르치는 사람들은 그 아이디어들이 미묘하고 복잡하다고 생각한다.

곱셈은 나눗셈과 서로 불가분하게 연결되어있을 뿐만 아니라 소수와 합성수, 인수분해와 소인수분해, 약수와 최대공약수, 배수와 최소공배수, 넓이와 부피, 비례 추론, 평균, 대수식, 일차 함수, 자릿값 등 다른 중요한 수학적인 주제에서 매우 중요한 역할을 한다.

이 장에서는 곱셈과 나눗셈에 대한 두 가지 핵심 아이디어와 관련하여 수학적 내용을 정리하였다. 첫 번째 핵심 아이디어는 곱셈과 나눗셈에 관련된 다양한 문제 구조와 표현 방법, 그리고 그들 사이의 관련성과 수 사이의 관계에 관한 것이다. 두 번째 핵심 아이디어는 곱셈과 나눗셈의 계산 알고리즘을 수행하고 이해하는 데 필요한 추론 과정에 초점을 두고 있다. 각각의 핵심 아이디어는 작지만 보다 구체적인 "필수 이해"를 포함하고 있다. 이것들을 쉽게 개관할 수 있도록 그리고 나중에 쉽게 참조할 수 있도록 아래에 구분지어 제시하였다. 이 내용을 읽으면서 당장 이것을 철저하게 이해해야 한다고 생각하지 않아도 된다. 이 장에서 각각의 내용을 차례대로 상세하게 설명할 것이다.

Big idea

핵심 아이디어 1. 곱셈은 덧셈과 더불어 여러 다양한 상황에서 문제를 표현하고 해결하기 위해 적절히 선택되어야 하는 두 가지 기본 연산 중 하나이다.

필수 이해 1a. 곱셈식 A×B에서 B는 **배율(scaling factor)**이다. 즉, A×B는 A를 B배 한 것이다.[1)]

필수 이해 1b. 문제 상황 맥락에서 만들어진 곱셈식은 그에 대한 이유가 있으며, 한 상황에 대한 다른 표현과 다른 추론 방법은 서로 다른 수식으로 나타난다.

필수 이해 1c. 곱셈으로 표현될 수 있는 상황에는 '~배'를 나타내는 스칼라(scalar) 요소와 스칼라가 적용되는, 즉 '~배 할' 양을 나타내는 요소가 있다.

필수 이해 1d. '스칼라 연산'의 의미로 곱셈을 정의하면 범자연수의 곱셈과 나눗셈을 넘어서는 문제를 표현하거나 해결할 때 유용하다.

필수 이해 1e. 나눗셈은 곱셈의 역연산으로 정의된다.

필수 이해 1f. 적절한 용어의 사용과 나눗셈 알고리즘의 이해는 나눗셈 상황에서 **몫**과 **나머지**가 어떻게 사용되는지를 이해하기 위한 기초를 제공한다.

---

1) [역자 주] 원서에서는 '곱셈식 $A \times B$에서 A는 척도계수(Scaling factor)이다.'라고 하였으나, 우리나라 곱셈식의 어순에 맞추어 Scaling factor를 '배율'로 번역하고 A를 B배 한 것으로 명시하였다.

Big idea

핵심 아이디어 2. 곱셈과 덧셈의 성질은 암산이나 어림 전략, 학생들이 스스로 고안한 알고리즘이나 표준알고리즘과 같은 곱셈과 나눗셈 계산 과정을 이해하는 데 필요한 수학적 기초를 제공한다.

필수 이해 2a. 곱셈은 교환법칙과 결합법칙, 덧셈에 대한 분배법칙이 성립하며 이는 범자연수 계산의 유연성을 보장하고, 계산 절차에 대한 정당성을 제공한다.

필수 이해 2b. 나눗셈의 덧셈에 대한 우측 분배법칙[2]은 범자연수의 나눗셈을 유연하게 하고 계산 과정을 정당화하지만, 덧셈에 대한 나눗셈의 좌측 분배법칙[3]은 성립하지 않으며 뿐만 아니라 나눗셈에서는 교환법칙과 결합법칙도 성립하지 않는다.

필수 이해 2c. **연산 순서**는 여러 연산이 포함된 수식을 계산할 때 애매모호함과 여러 답의 가능성을 제거하기 위한 관습이다.

필수 이해 2d. 범자연수에서 연산의 성질은 필산이나 암산, 표준알고리즘이나 비표준알고리즘을 정당화한다.

2) [역자 주] $(a+b) \div c = a \div c + b \div c$

3) [역자 주] $a \div (b+c) \neq a \div b + a \div c$

핵심 아이디어 1

곱셈은 강력한 도구이다

Big idea

곱셈은 덧셈과 더불어 여러 다양한 상황에서 문제를 표현하고 해결하기 위해 적절히 선택되어야 하는 두 가지 기본 연산 중 하나이다.

곱셈은 우리가 매일 마주하는 문제를 풀기 위해 사용되는 기본 연산이다. 예제를 보면 다양한 문제 상황에서 왜 곱셈이 적절한 선택이었는지를 쉽게 이해할 수 있다. 실제로 문제 상황으로 시작하는 것이 학생들의 계산과 문제해결 능력을 발달시키는 데 도움이 된다는 연구가 있다(Fuson, 2003).

1) 스칼라 연산으로서의 곱셈

필수 이해 1a. 곱셈식 A×B에서 B는 **배율(scaling factor)**이다. 즉, A×B는 A를 B배 한 것이다.

여러 가능성 중에서 곱셈은 주로 동수누가, 넓이, 곱집합(Cartesian product), 직사각형 배열 등으로 설명되어 왔다. 다양한 방법으로 생각하고 모델링하는 기회가 주어질 때 학생들의 곱셈에 대한 이해가 향상된다. "주어진 컵의 2배", "피자의 반", "가진 돈의 5배"와 같은 표현은 학생들이 곱셈에 대한 다른 표현을 해석하는 데 도움이 되는 시금석의 역할을 함으로써 이러한 상황을 비형식적으로 이해하여 곱셈에 대한 개념을 발달시킬 수 있게 한다.

[예제 1]에서 조리법에 따라 재료의 양을 구하는 익숙한 맥락을 생각해 보자.

‖ 예제 1 ‖

조리법에 따르면 케이크 하나를 만들기 위해 밀가루 2컵이 필요하다. 케이크 5개를 만들려면 밀가루가 몇 컵 필요한가?

케이크 하나를 만드는 데 밀가루 2컵이 필요하며, 케이크 5개에 필요한 밀가루의 양은 케이크 하나에 사용되는 밀가루 양의 5배임을 알 수 있다. 더 간단히 말하면, 5배의 밀가루가 필요하며 이는 흔히 곱셈을 사용하여 2×5라고 쓰는 상황으로 인식한다. [그림 1.1]은 필요한 밀가루의 양을 그림으로 표현한 것이다.

[그림 1.1] 케이크 하나를 만들 때 필요한 밀가루 양의 5배

비록 어떻게든 상황을 그림으로 그려서 학생들에게 보여주는 것은 쉽지만, 학생들 스스로가 자신만의 방법으로 문제를 표현해야 주어진 상황에 포함된 양과 연산을 어떻게 이해하는지 알 수 있게 된다(Quintero, 1986). 이렇게 얻은 정보는 적절한 교수 전략과 교수 자료를 결정하는 데 도움이 된다. [생각해 보기 1.1]에서 이 아이디어를 살펴보자.

생각해보기 1.1

[예제 1]에 주어진 상황을 나타내기 위해 여러분이 지도하는 학생들은 어떤 그림을 그릴 것 같은가?
가능하다면, 학생들에게 문제를 직접 제시하고 그 상황을 그려보도록 하거나 동료 교사에게 학생들에게 문제를 주고 그림으로 설명해 보도록 제안해 보아라.
그림들 사이의 차이점을 살펴보아라. 차이점이 의미하는 바는 무엇이고 이러한 차이점이 곱셈에 대한 지도를 어떻게 변화시킬지에 대해 생각해 보아라.

[예제 1]에서 케이크 5개를 만들 때는 케이크 1개를 만들 때 필요한 밀가루의 5배가 필요하다는 것을 알 수 있고, 이를

2×5로 나타낼 수 있다. 2×5에서 두 번째 인수인 5는 **배율(scaling factor)**이라고 하며, 또는 스칼라 인수(scala factor), 스케일 인수(scale factor) 또는 가끔 스칼라 연산자(scala operator)라고도 한다. 두 번째 인수인 5는 첫 번째 인수인 2가 나타내는 양의 크기를 5배로 "조정(scale)"한다. 즉, 두 번째 인수에 따라첫 번째 인수의 크기가 조정되기 때문에 덧셈적 변화와는 다른 곱셈적 변화를 만든다. 다른 경우 가령 배율이 $\frac{1}{2}$일 때, $\frac{1}{2}$이 첫 번째 양을 반으로 변화시킨다는 사실을 제외하고는 같은 방식으로 적용된다. 이러한 경우가 곱셈이 배율로서, 즉 '~배'로서 사용되는 경우이다.

다음에 제시할 예제는 곱셈이나 나눗셈을 해결 전략으로 선택하는 문제 상황들이다. 이 예제들에 대한 논의를 통해 다음 측면을 부각시킬 것이다.

- 스칼라 연산의 의미로 곱셈 사용하기
- 상황을 여러 가지 방법으로 표현하기
- 다양한 표현 방법 사이에서 관련성 찾기
- 곱셈과 나눗셈 사이의 관련성 조사하기
- 연산의 의미에 기초하여 선택한 연산 정당화하기

이 논의의 목적은 곱셈과 나눗셈에 관련된 개념의 의미를 파악하는 것이다. 위에 제시된 5가지 측면에 역점을 두고 예제들을 깊이 연구하면 곱셈과 나눗셈에 대한 이해를 심화시킬 수 있다. [생각해 보기 1.2]의 발문은 주어진 상황에 대한 추론 방법을 예시하고 있다.

생각해보기 1.2

156파운드인 사람의 몸무게를 킬로그램으로 바꿀 때 어떤 연산을 사용하겠는가? 왜 그 연산을 선택하였는가? 단, 1파운드는 약 0.454킬로그램과 같다.

2) 상황에 대한 추론과 표현

필수 이해 1b. 문제 상황 맥락에서 만들어진 곱셈식은 그에 대한 이유가 있으며 한 상황에 대한 다른 표현과 다른 추론 방법은 서로 다른 수식으로 나타난다.

어떤 상황을 모델링하기 위해 사용한 수식은 학생들의 추론을 반영하고, 학생들이 그렇게 생각한 이유는 그 상황을 나타내는 방법이나 수식에 대한 설명이 된다. 아래 [예제 2]에 주어진 상황은 어떤 곱셈식으로 모델링할 수 있는가? 그 곱셈식에 대해 어떻게 설명하고 표현할 수 있는가?

‖ 예제 2 ‖

로버트의 각 셔츠에는 단추가 4개씩 달려 있다. 그렇다면 셔츠 5장에 달려있는 단추는 모두 몇 개인가?

이 상황을 나타내는 한 가지 표현 방법은 단추 4개가 달려 있는 셔츠 5장을 그리는 것이다. 학생들이 어떻게 셔츠 5장에 있는 단추의 개수를 세겠는가? [그림 1.2]는 셔츠 1장의 그림이다.

[그림 1.2] 단추 4개가 달려 있는 셔츠

하나의 해결 방법은 동수누가를 생각하는 것이다.

$$4+4+4+4+4=\square$$

이 덧셈식을 설명하기 위해, 첫 번째 4는 첫 번째 셔츠에 달려 있는 단추의 개수, 두 번째 4는 두 번째 셔츠에 달려 있는 단추의 개수로 생각하는 방식으로 셔츠의 개수를 나타내는 수인 5번만큼 계속하여 생각할 수 있다. 이러한 상황은 흔히 "물체 4개씩 5묶음"으로 표현되고, 여기서 물체는 셔츠 1장에 달려 있는 단추를 뜻한다.

또한 이 덧셈을 곱셈식으로 4×5로 나타낼 수 있는데 곱셈은 종종 동수누가로 설명된다. 그러나 그런 설명은 2장에서 논의하게 되는 분수 상황에서는 다소 어색하다.

곱셈을 스칼라 연산으로 해석하면, 단추의 전체 개수는 셔츠 1장에 있는 단추 개수의 5배가 된다. 5는 셔츠 1장에 있는 단추의 개수에 곱해진다. 단추의 5배가 필요하다는 것이다. 두 인수 4와 5의 의미에 초점을 맞추었기 때문에 아직 4×5의 계산 결과를 얻지 않았음에 주목해야 한다.

또한 교환법칙을 사용하지 않고도 물체 5개씩 4묶음을 가지고 있다는 사실에 주목하여 곱셈식 5×4로 이 상황을 나타낼 수 있다. 셔츠 5장에서 첫 번째 단추는 모두 5개이고 두 번째 단추도 5개이며, 나머지 단추도 이와 같이 생각할 수 있다. "물체 5개씩 4묶음"으로 해석하는 것은 첫 번째 방법인 "4개씩 5묶음"로 해석하는 것보다 자연스럽지 않다.

어떤 수식이나 방정식에 감춰져 있는 추론을 명확하게 드러내기 위해서는 항상 설명이 필요하다. 주어진 문제를 곱셈식 4×5로 나타낼 수 있는 4개씩 5묶음으로 생각한 처음 해석에서 5는 셔츠 자체가 아니라 셔츠의 수를 나타내기 위해 사용한 것이다. 마찬가지로 단추 자체가 아닌 셔츠에 있는 단추의 수를 언급하기 위해 4를 사용한 것이다. 곱셈식 5×4로 나타낼 수 있는 5개씩 4묶음으로 생각한 두 번째 해석에서 4는 단추 자체가 아니라 셔츠에 달려 있는 단추의 개수를 나타낸 것이고, 5는 첫 번째 단추 자체가 아니라 첫 번째 단추들의 개수를 말하는 것이다.

어떻게 서로 다른 양이 하나의 대상과 관련될 수 있는지에 대한 부연 설명은 다음 문헌을 참고하시오. 「수와 기수법의 본질적 이해 : 유아·유치원~2학년까지」(Dougherty 외, 2010)

이러한 종류의 구분은 수학, 특히 대수에서 이해를 확고히 하는 데 중요한 역할을 한다. 4 말고도 다른 수들이 단추와 연관되어 있을 수 있다. 예를 들어, 단추들은 25센트이고, 무게는 2온스일 수도 있다. Dougherty와 공동 연구자(2010)는 물체와 수량 사이의 중요한 차이점에 관한 광범위한 논의를 제안한 바 있다.

물론 단추를 각각 4개씩 가지고 있는 셔츠 5장의 그림이 주어진 상황을 나타내는 유일한 방법은 아니다. [그림 1.3]은 각각의 셔츠를 나타내는 5행과 각각의 단추를 나타내는 4열로 이루어진 표이다. 표에서 각각의 칸은 특정 셔츠와 특정 단추를 나타낸다. 예를 들어, 그림에 있는 짙은색 칸은 두 번째 셔츠의 세 번째 단추를 나타낸다. 이 표의 행과 열은 [예제 2]의 상황을 **배열**로 나타낸 것이다.

셔츠 \ 단추	단추1	단추2	단추3	단추4
셔츠1				
셔츠2			셔츠2 단추3	
셔츠3				
셔츠4				
셔츠5				

[그림 1.3] 각각 단추 4개 달린 셔츠 5장을 나타내는 표

하나의 표현 방법으로 배열을 이용하는 것은 [예제 3]과 같은 상황의 맥락에서 더 어울린다.

‖ 예제 3 ‖

한 교실에 책상이 직사각형 형태로 4개씩 5줄로 놓여 있다. 교실에 있는 책상은 모두 몇 개인가?

이를 나타내는 자연스러운 그림 표현은 책상을 나타내는 기호를 가로 한 줄에 4개씩 그려서 5줄을 만든 직사각형 배열이

다. [그림 1.4]가 이를 나타낸 것이다. [생각해 보기 1.3]을 통해 이 상황과 이를 나타낸 표현의 의미를 파악해 보아라.

*	*	*	*
*	*	*	*
*	*	*	*
*	*	*	*
*	*	*	*

[그림 1.4] 4개씩 5줄 놓인 책상 배열을 나타낸 표현

생각해보기 1.3

[예제 3]에 대한 답으로 4×5를 어떻게 이해하는가?
[예제 3]에 대한 답으로 5×4를 어떻게 이해하는가?

3) 곱셈과 나눗셈으로 상황 표현하기

필수 이해 1c. 곱셈으로 표현될 수 있는 상황에는 '~배'를 나타내는 스칼라(scalar) 요소와 스칼라가 적용되는, 즉 '~배 할' 양을 나타내는 요소가 있다.

[예제 4]와 같은 문제를 해결하기 위해 학생들은 대개 나눗셈을 선택한다.

‖ 예제 4 ‖

할머니는 손자들에게 나누어 줄 구슬 21개를 가지고 있다. 손자들은 각각 구슬 7개씩을 받았다. 그렇다면 할머니에게는 몇 명의 손자가 있는가?

나눗셈으로 해석하여 21을 7로 나누면 답, 즉 몫이 나온다. 이런 유형의 상황은 **측정 모델(measurement model)**[4] 또는 **동**

4) [역자 주] 나눗셈 상황의 하나를 나타내는 영어 표현 'measurement model', 즉 측정모델은 우리나라에서 흔히 '포함제'로 일컬어진다.

수누감 모델(repeated subtraction model)이라고 불린다. 문제를 "구슬 21개에는 구슬이 7개씩 몇 묶음 있는가?"와 같이 바꾸어 말할 때가 종종 있기 때문에 측정이라는 단어가 사용된다. 이런 문제에 답하기 위해서는 몇 번이 포함되는지를 '측정'하는 것과 관련된다. [그림 1.5]는 두 학생의 해결 전략의 일부분으로 그림 표현과 기호 표현이다. 이 두 표현에서 어떤 점이 유사한가? 나눗셈 말고 다른 전략을 찾을 수 있는가?

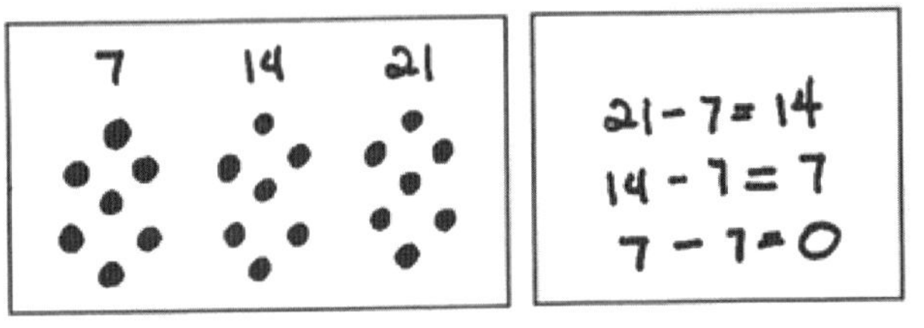

[그림 1.5] 구슬 21개를 7개씩 묶으면 몇 묶음이 되는지를 구한 두 학생의 방법

[예제 4]의 문제를 풀 때 왜 나눗셈이 적절한 연산이 되는가? 학생들은 흔히 특정 연산을 왜 선택해야 하는지를 이해하려는 시도도 없이 특정 연산을 선택하여 문제를 해결하려고 한다. 학생들은 "'각 묶음에 얼마가 들어있는가'를 묻고 있기 때문에 나눗셈을 해야 한다."라고 말하는 경우가 있다. 이와 같이 연산을 선택하기 위해 핵심 단어나 구문을 찾는 경향이 있다. 또 "큰 수와 작은 수가 각각 하나씩 있으니까 나누어야 한다."와 같이 단순히 수만 살펴보고 수의 크기에 입각해서 특정 연산을 선택할 수 있다. "답이 더 작아야하기 때문에 나누어야 한다."와 같이 답이 문제에 들어있는 수들보다 작아야 하는 것으로 기대할 수도 있다. 또는 두 수가 어울리기 때문에, 즉 한 수가 다른 수의 배수가 되는 것에 주목하여 "21은 7로 나누어지기 때문에 21 나누기 7을 해야 한다."라고 생각할 수 있다. 이러한 이유들은 절대로 타당하지 않다. 특정 연산이 주어진 문제를 해결하기 위한 가장 적절한 선택인지 그 이유를 아는 것은 수학에 대한 견실한 이해를 세우는 데에 중요한 역

할을 한다.

또한 [예제 4]에 주어진 상황을 곱셈으로 해석할 수 있다. 손자들마다 각각 7개의 구슬을 받는다. 각 손자가 갖게 되는 구슬의 수에 몇 배를 하면 전체 구슬의 개수가 되는가? 이것은 구슬이 7개씩 A묶음이 있고 모두 21개가 된다는 의미이며, 이와 같은 의미로 A는 $7 \times A = 21$을 만족하는 수이다. A가 배율로 사용되는 '~배'의 의미로 곱셈을 이해하면 나눗셈 문제를 곱셈 연산을 사용하여 해결할 수 있는 문제로 변환 가능하게 해준다.

나눗셈이 사용될 수 있는 상황에서 곱셈으로 해결하는 것은 **미지수**가 포함된 곱셈으로 해석하는 것이다. 반대로 곱셈 상황을 나눗셈으로 해결하는 경우도 있는데 이는 나중에 설명할 것이다.

[예제 5]에 주어진 새로운 상황을 [예제 4]의 상황과 대조하여 보자.

‖ 예제 5 ‖

할아버지는 낡은 동전 24개를 가지고 있다. 할아버지는 손자 6명에게 같은 개수의 동전을 나누어 주려고 한다. 손자 한 명이 받게 되는 동전은 몇 개인가?

이러한 문제는 **분배**나 **분할**과 같은 의미를 반영하는 나눗셈 모델[5)]이 된다. [예제 5]에서의 나눗셈은 24를 6으로 나누어 답을 구할 수 있다. [생각해 보기 1.4]를 통해 이 문제에 대해 아이들이 생각할만한 여러 방법들을 탐구하여 보자.

생각해보기 1.4

[예제 5]를 풀기 위해 아이들이 생각할 수 있는 다른 두 가지 방법은 무엇인가?

5) [역자 주] 나눗셈 상황의 또 다른 하나를 나타내는 영어 표현 'sharing' 혹은 'partitive model'은 우리나라에서 흔히 '등분제'로 일컬어진다.

[예제 4]에서 한 것처럼 [예제 5]의 상황도 곱셈으로 해석할 수 있다. 전체 손자가 6명이기에 손자 한 명이 받게 되는 동전 개수의 6배가 전체 동전의 수인 24가 된다. 만약에 손자 한 명이 받게 되는 동전 개수를 B라고 한다면, 전체 24개의 동전을 B개씩 6묶음 가지고 있는 것이다. 이것을 B×6=24라고 쓰고 여기서 6은 몇 배인지를 나타내는 스칼라를 의미한다. 그래서 스칼라 연산으로 곱셈을 해석하면 나눗셈 상황을 곱셈 상황으로 변환시킬 수 있게 한다. 그래서 나눗셈을 미지수가 포함된 곱셈으로 해석하게 된다.

앞의 두 예제는 동일한 상황을 표현하기 위해 곱셈과 나눗셈이 모두 사용될 수 있음을 보여주고 있다. 그림, 산술식이나 방정식 어느 것으로 나타내든 주어진 상황을 나타내는 표현이 분명히 추론의 결과로부터 이끌어졌다는 사실이 중요하다. 한 상황에 대한 다양한 표현 사이의 관련성을 이해하면 더 깊은 이해를 발달시키는 데 도움이 된다.

[예제 6]은 다른 유형의 문제이다.

‖ 예제 6 ‖

수잔은 셔츠 3장(흰색, 빨간색, 파란색)과 치마 2장(갈색, 남색)을 가지고 있다. 셔츠와 치마를 한 벌로 입을 수 있는 방법은 몇 가지인가?

덧셈과 뺄셈 문제의 서로 다른 유형에 대한 논의는 다음 문헌을 참고하시오. 「덧셈과 뺄셈의 필수 이해 : 유아·유치원~2학년까지」(Caldwell 외, 2011)

이런 종류의 문제는 대개 경우의 수를 구하는 **조합론**의 문제이다. Hendrickson(1986)은 이러한 문제를 **선택 문제(selection problem)**로 지칭하고 학생들이 마주하는 다른 유형의 곱셈 및 나눗셈 문제와 비교하였다. 이러한 종류의 문제를 곱셈 상황으로 인식하여 표현하고, 이 책에 묘사된 다른 종류의 문제와 비교할 수 있어야 한다. 이것은 Caldwell과 공동연구자(2011)에 의해 논의되었던 덧셈 및 뺄셈 문제의 다양한 유형을 아는 것만큼 중요하다.

수잔의 복장 문제는 서로 다른 종류의 복장이 몇 가지인지

세는 것이다. 답을 찾기 위해 주로 곱셈이 사용된다. 이 경우에 조합론의 곱의 법칙[6]을 정확히 모방하면 3×2를 구하여 답을 찾을 수 있다. 하지만 왜 곱셈이 맞는 것일까? [그림 1.6]과 같이 이 상황을 수형도로 모델링할 수 있다. 왼쪽부터 시작하면 선택할 수 있는 셔츠는 흰색, 빨간색, 파란색 3가지이다. 선택한 각각의 셔츠에서 시작된 경로는 치마를 선택할 수 있는 갈색과 남색의 두 가지 다른 선택으로 이어진다. 셔츠 하나와 치마 하나를 선택하는 각각의 경우는 시작점으로부터 시작된 경로 6개 중 하나로 나타내어지고, 결과적으로 가능한 복장은 6가지가 된다.

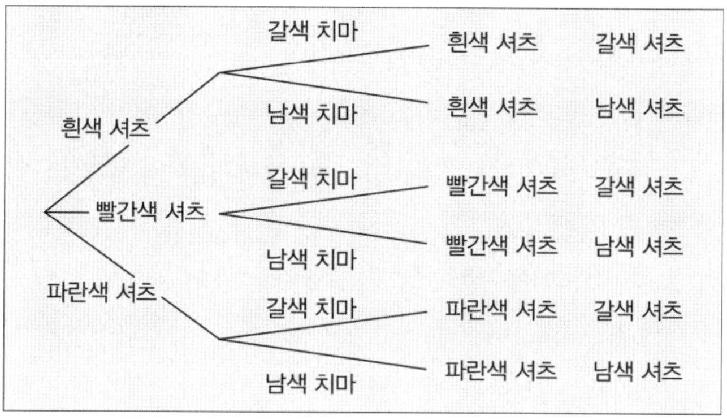

[그림 1.6] 가능한 6가지 복장을 나타내는 수형도

이 표현이 어떻게 곱셈으로 설명이 되는가? 수잔은 복장을 완성시키기 위해서 각 셔츠마다 두 가지 방법으로 치마를 입을 수 있다. 치마는 색깔별로 2가지 선택이 가능하기에 셔츠 개수의 2배가 되는 경우로 복장을 갖춰 입을 수 있다. 이런 방식의 추론은 치마 개수인 2를 '몇 배'에 해당하는 배율로 보아 곱셈식 3×2를 얻는다. 한편 주어진 문제를 2×3으로 나타낼 수 있음을 설명하는 수형도를 어떻게 그릴 수 있을까를 생각하여 보아라.

수형도가 [예제 6]의 셔츠-치마를 입는 모든 경우의 수를

6) [역자 주] 어떤 사건 A가 일어날 경우가 m가지이고, 다른 사건 B가 일어날 경우가 n가지이면 두 사건이 동시에 일어날 경우의 수는 m×n가지이다.

구하는 상황을 표현하는 유일한 방법은 아니다. [그림 1.7]에서 보듯이 표를 사용하여 다른 방식으로 표현할 수 있다. 가로줄은 셔츠의 색깔을, 세로줄은 치마의 색깔을 나타낸다. 색칠된 칸은 흰색 셔츠에 남색 치마로 구성된 복장을 나타낸다. 또한 6개의 칸은 가능한 모든 복장을 나타낸다는 사실을 파악해야 답을 구할 수 있다.

	갈색	남색
흰 색		
빨간색		
파란색		

[그림 1.7] 가능한 6가지 복장을 나타내는 표

[예제 3]에서 사용한 것과 유사한 추론을 통해 이 상황을 '몇 배'의 의미로 해석하여 결과적으로 곱셈식 2×3으로 나타낼 수 있다. 또한 표를 다른 방식으로 해석하여 어떻게 곱셈식 3×2로 나타낼 수 있는지를 생각해 보아라.

순서쌍을 사용하여 [예제 6]에서 주어진 상황을 다른 방식으로 표현할 수 있다. 각 순서쌍의 첫 번째 요소는 셔츠의 색깔을 나타내고 두 번째 요소는 치마의 색깔을 나타낸다. 표현 방법은 모든 가능한 조합을 열거하는 것이다. 체계적으로 다음과 같은 순서쌍을 만들 수 있다.

(흰　색, 갈색)　　(흰　색, 남색)
(빨강색, 갈색)　　(빨강색, 남색)
(파랑색, 갈색)　　(파랑색, 남색)

순서쌍과 표를 비교하여 보면 이 두 가지 사이의 관련성을 볼 수 있다. 순서쌍의 첫 번째 요소를 가로줄의 이름으로 두 번째 요소를 세로줄의 이름으로 하면 표의 각 가로줄에는 두 개의 순서쌍이 있게 된다. 표처럼 순서쌍도 [예제 6]을 2×3으로 나타내어 답을 구하는 '몇 배'의 의미로 곱셈을 자연스럽게 해석하도록 해 준다. 복장을 선택할 때 수잔은 각 셔츠에 맞춰 입을 수 있는 치마가 두 가지 있다. 셔츠가 3종류이기 때문에 수잔은 치마의 3배만큼, 즉 모두 2×3가지 선택이 가능하다.

이 방식으로 순서쌍을 사용하는 것은 흔히 곱셈에 대한 **곱집합 모델(Cartesian product model)**이라고 부른다. 수학에서 두 집합 A, B의 곱집합은 첫 번째 요소가 A의 원소이고 두 번째 요소가 B의 원소인 모든 순서쌍의 집합을 말한다. 범자연수 a와 b의 곱은 원소의 개수가 a인 집합 A와 원소의 개수가 b인 집합 B의 곱집합의 원소의 개수로 정의된다. [생각해 보기 1.5]에서 [예제 6]의 상황을 가지고 곱집합 모델, 수형도, 표 사이의 관계를 탐구해 보아라.

생각해보기 1.5

곱집합 표현 방법을 사용하여 3×4를 나타내어 보아라.
[예제 6]과 관련하여 세 가지 표현 방법인 수형도, 표, 곱집합 모델을 논의하였다. 이 세 가지 표현 방법의 유사점과 차이점은 무엇인가?

[예제 7]은 직사각형의 넓이를 구하는 문제이다.

‖ 예제 7 ‖

직사각형 모양 카펫의 가로는 4피트, 세로는 5피트이다. 카펫은 몇 제곱피트가 되겠는가?

이 문제를 푸는 전형적인 전략은 가로와 세로를 곱하는 것이고 답으로 20제곱피트를 얻게 된다. 이 상황에서 왜 곱셈이 필요한가?

[그림 1.8]처럼 카펫 상황을 가로가 4단위, 세로가 5단위가 되는 직사각형을 그려 나타낼 수 있다. 그 다음 직사각형을 정사각형 낱개로 분할하면 답은 정사각형 낱개의 개수, 즉 20제곱피트가 된다.

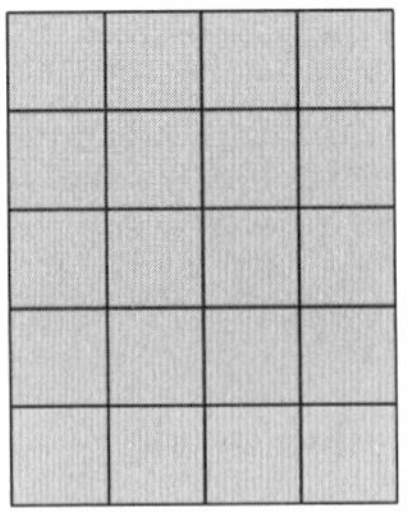

[그림 1.8] 가로와 세로가 각각 4피트와 5피트인 카펫을 나타내는 직사각형

그림에서 첫 번째 가로줄을 생각해 보자. 이것은 한 줄이 낱개의 정사각형으로 이루어진 직사각형이다. 낱개로 된 정사각형 4개가 있는 첫 번째 가로줄의 넓이는 4이다. 그림 전체는 세로로 5줄이 되는데 이는 첫 번째 가로줄에 있는 정사각형 개수의 5배가 됨을 의미한다. 이는 5가 '몇 배'에 해당하는 배율의 역할을 하는 곱셈 상황으로 넓이를 구하기 위해서 첫 번째 가로줄 넓이(4)의 5배를 해야 함을 나타낸다. 정사각형 낱개의 개수, 즉 넓이는 4×5로 표현된다.

4) 범자연수의 연산 넘어서기

필수 이해 1d. 스칼라 연산의 의미로 곱셈을 정의하면 범자연수의 곱셈과 나눗셈을 넘어서는 문제를 표현하거나 해결할 때 유용하다.

곱셈을 스칼라 연산의 의미로 해석하는 것은 학생들이 곱셈과 나눗셈을 폭넓고 융통성 있게 이해하게 해 주고 문제 해결에서 이러한 연산의 사용을 추론하고 설명하는 데 도움을 준다. [예제 8]은 이런 아이디어를 살펴보기 위한 출발점을 제공한다.

‖ 예제 8 ‖

톰이 가지고 있는 사탕의 무게가 수잔이 가지고 있는 사탕 무게의 2배가 되는 상황을 대수식으로 나타내어라.

필요한 변수나 요소를 세심하고 명확하게 정의하여 이 상황을 도식으로 표현하는 것은 훌륭한 시작 전략이다. 학생들이 문장제를 대수 전략을 사용하여 해결하려고 시도할 때, 처음부터 변수를 신중하게 설정하지 않으면 헛수고가 되기 십상이다. 예를 들어, T는 톰이 가지고 있는 사탕 무게를 나타낼 수 있고, S는 수잔이 가지고 있는 사탕 무게를 나타낼 수도 있지만, 학생들은 T나 S가 사탕 그 자체가 아닌 무게를 나타낸다는 것을 간과하는 실수를 한다. 문제의 답은 톰과 수잔이 가지고 있는 사탕의 양 사이의 관계가 설명되어야 한다.

학생들은 종종 문제에 있는 단어들을 바로 식으로 옮기려는 시도를 한다. [예제 8]의 경우 학생들은 T×2=S로 쓴다. 여기서 2를 '몇 배'에 해당하는 배율로 생각하여 곱셈식 T×2를 해석하면, 톰이 가지고 있는 사탕의 양이 2배가 되며, 2배가 된 양이 수잔이 가지고 있는 사탕의 양과 같음을 의미한다. 하지만 이것은 분명히 문제에서 제시된 상황이 아니다.

[그림 1.9]는 수잔과 톰이 가지고 있는 사탕의 양 사이의 관계를 보여준다. 첫 번째 그림은 수잔이 가지고 있는 사탕의 양(S), 두 번째 그림은 톰이 가지고 있는 사탕의 양(T)을 나타낸다. 만약 수잔이 가지고 있는 양이 2배가 되면 S×2로 나타낼 수 있고, 이는 톰이 가지고 있는 사탕의 양과 같다는 것은 명백하다. 따라서 톰과 수잔이 가지고 있는 사탕의 양 사이의 관계는 T=S×2이다.

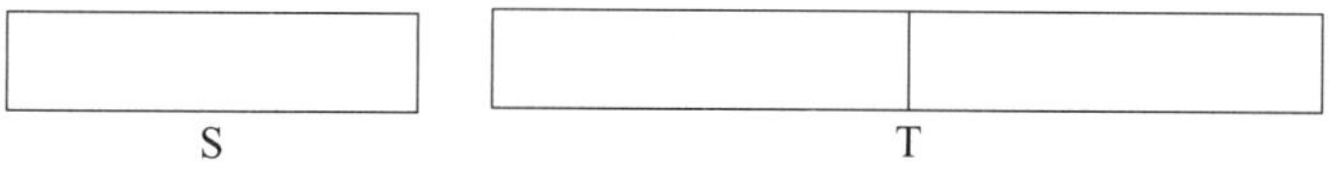

[그림 1.9] 톰이 가지고 있는 사탕 무게가 수잔이 가지고 있는 사탕 무게의 2배가 됨을 보여주는 그림

스칼라 연산으로서의 곱셈은 주어진 상황에 대해 사고하는 방법과 곱셈 선택이 적절함을 보여준다. 다시 말하면, 선택한 연산이 적절함을 보이는 것은 수학을 이해하고 학습하는 데

중요한 부분이다. 더 나아가 대수 기호의 조작으로 시작하는 것보다 이를테면 그림으로 표현하여 먼저 문제를 확실하게 이해하는 것이 더 이롭다.

[예제 9]는 문제 해결 계획에서 선택한 연산을 추론하거나 설명할 때 곱셈을 스칼라 연산의 의미로 해석하는 것의 가치를 언뜻 보여준다.

‖ 예제 9 ‖

호세는 평균 시속 50마일로 6시간 동안 운전했다. 호세는 몇 마일을 운전하였는가?

이러한 상황을 일반적으로 거리=시간×속도, 즉 d=tr(distance=time × rate)이라는 공식이 필요한 곱셈으로 인식한다. 이 공식에서 대부분의 학생들은 변수를 뜻하는 문자들의 순서에 따라 곱셈식 6×50을 써서 해결할 것이다. 하지만 답을 구하는 곱셈식 6×50의 형식은 "이 답의 구성 방식은 물체 6개씩 50묶음"을 찾은 것을 말한다. 여기서 물체는 무엇인가? 1시간? 그리고 왜 곱셈을 사용하는가? 이 문제를 다른 관점에서 살펴보면 또 다른 방법으로 주어진 상황을 이해할 수 있다.

호세는 시간당 평균 속도 50마일로 운전을 했고 이는 호세가 한 시간에 50마일을 가고 그 후에도 매 시간 그랬을 것이라는 의미로 생각할 수 있다. 그가 한 시간 동안 운전하는 것에 6배를 운전했을 때 어떤 일이 일어나는가? 앞의 예제에서 보았듯이 그림으로 나타내면 문제를 이해할 수 있다. [그림 1.10]에서 각각의 선분은 호세가 1시간 동안 운전한 거리 50마일을 나타내고 6개의 선분은 호세가 6시간 동안 운전한 거리를 나타낸다. 스칼라 연산으로서의 곱셈을 적용하여 6을 50이라는 양이 어떻게 변하는지를 나타내는 스칼라로 해석하면 50×6의 곱셈식이 도출된다. 답은 스칼라가 적용되는 양과 동일한 단위, 즉 마일로 표현된다.

[그림 1.10] 1시간에 50마일씩 달렸음을 나타내는 6개의 선분

거리, 속도, 시간 사이의 관계를 발전시키고 일반화시키기 위해 곱셈을 사용할 수 있다. 변수를 명확하고 조심스럽게 정의하면서 시작해 보자.

- D는 운전한 총 마일의 수를 나타낸다.
- T는 D마일을 운전하는 데 소요된 시간을 나타낸다.
- R은 시간당 몇 마일을 운전했는지를 나타낸다.

이러한 일반적인 상황을 이해하기 위한 한 가지 방법은 곱셈의 스칼라 관점을 사용하여 앞에서처럼 추론하는 것이다. 만약 T를 R에 영향을 주는 스칼라로 생각하면 관계를 이해할 수 있다. R은 시간당 몇 마일을 운전하였는지를 나타내기 때문에 T 시간 동안 운전한 거리는 R×T가 된다. 이 곱셈 상황에 대해 해석하면 대수 공식 D=R×T가 된다. 곱셈과 관련된 어떤 속도 문제에도 스칼라로 사용된 것이 무엇인가를 생각하는 것이 중요하다.

"이 연산이 왜 적절한가?"와 같이 모든 연산의 선택은 정당화가 필요하다. 연산의 의미에 대한 이해는 이렇게 입증된다. 다음 두 가지 예제를 생각해 보자.

‖ 예제 10 ‖

만약 한 물체의 무게가 156파운드이고, 1파운드는 약 0.454킬로그램이라 할 때, 이 물체의 무게는 약 몇 킬로그램이 되는가?

이 문제는 [생각해 보기 1.2]에서 다루었다. 그 문제에서 생각했던 것처럼 추론할 수 있겠는가? 앞에서 했던 생각을 스칼라 연산의 의미로 해석하는 아이디어와 비교해 보아라.

[예제 11]에서 선택하는 연산은 곱셈 또는 덧셈 중 하나일

것이다.

‖ 예제 11 ‖

처음 몇 항의 수가 1, 3, 6, 10, …인 삼각수가 있다. 다음에 나올 수는 무엇인가?

상황(이 경우에는 삼각수의 구조)에 대한 이해와 선택할 연산의 의미를 기반으로 연산을 선택해야 한다. 맥락이 맞지 않은 패턴을 보거나 차원 해석(dimensional analysis)[7]과 같은 암기된 기술을 사용하여 연산을 선택해서는 안 된다. 어떤 연산을 사용하는지 그리고 왜 그것이 적절한지를 알아야 이해할 수 있다.

앞의 예제들에서 공통적으로 다양한 추론을 통해 어떻게 곱셈이 스칼라 연산으로 이해되는지를 알아보았다. 곱셈식에서 두 번째 인수는 첫 번째 인수의 양에 작용한다. 곱셈식에서 두 번째 수는 첫 번째 수의 양 또는 크기를 변화시키는데, 그 변화는 증가하게 된다. 이 설명은 영향력 있고 학생들로 하여금 곱셈의 확실한 이해를 발달시키는 데 도움이 된다. 이 해석을 적용하면 결과적으로 학생들은 다음과 같이 할 수 있다.

- 곱셈 방식의 다양한 상황을 설명할 수 있다.
- 곱셈 상황을 설명하기 위해 여러 가지 표현 방법을 사용할 수 있다.
- 연산으로 곱셈을 사용하는 것을 정당화할 수 있다.
- 서로 다른 표현 방법 사이의 관련성을 찾을 수 있다.
- 표현의 해석에 따른 곱셈식의 “답” 또는 결과를 찾을 수 있다.
- 곱셈식에서 인수들에 의미를 부여할 수 있다.

7) [역자 주] 어떤 물리량을 몇 개 독립된 기본 물리량을 사용하여 표현하는 관계식을 구하기 위해 등식의 양변 및 각 항의 차원이 같은 것을 이용하여 해석하는 방법이다.

5) 곱셈과 나눗셈 관련짓기

필수 이해 1e. 나눗셈은 곱셈의 역연산으로 정의된다.

지금까지는 곱셈에 대하여 그리고 많은 다양한 상황에서 곱셈이 적절한 선택인지를 보여주면서 이 연산을 설명하는 방법에 중심을 두어 논의하였다. 할머니가 구슬 21개를 손자들에게 각각 7개씩 나누어 주었다는 [예제 4]와 할아버지가 낡은 동전 24개를 손자 6명에게 똑같이 나누어주었다는 [예제 5]의 논의에서 크기가 같은 묶음의 수와 크기가 같은 묶음 안에 들어 있는 물체의 수를 찾을 때 나눗셈을 사용하는 것에 대해 간단히 언급하였다. 이러한 예제는 나눗셈이 사용될 수 있는 상황을 보여준다. 하지만 그 자체가 나눗셈의 선택을 정당화할 수 있는 나눗셈 연산의 의미를 알려 주지는 않는다.

덧셈과 뺄셈 사이의 관계에 대해 생각해 보자. a에서 b를 뺐을 때, $a-b$로 결과를 나타내고 이는 $a=b+y$를 만족하는 수 y로 정의된다. 덧셈과 뺄셈은 역연산 관계이다. 다르게 말하면, 덧셈이 기본 연산이고 뺄셈은 덧셈의 관점에서 정의된다. 이와 마찬가지로 곱셈이 기본 연산이고 나눗셈은 곱셈의 관점에서 정의된다.

나눗셈의 의미는 뺄셈의 의미를 파악하는 방법과 유사하다. $b \neq 0$일 때, a 나누기 b는 $a \div b$로 표현되고, 이는 $a=b \times y$를 만족하는 수 y, 즉 $y=a \times \frac{1}{b}$로 정의된다. 여기서 $\frac{1}{b}$은 곱셈에서 b의 역원이다. 덧셈과 뺄셈의 유사한 상황에 주목하여 보자. $-b$가 b의 덧셈에 대한 역원이므로 $a-b=a+(-b)$이다. $a=b \times y$는 곱셈과 나눗셈 사이의 관련성 즉, 곱셈과 나눗셈이 역연산 관계임을 보여준다. 방정식 $a=b \times y$와 방정식 $a \div b=y$ 는 수들 사이의 동일한 관계를 나타낸다. 식 $a \times \frac{1}{b}$은 분수가 사용되는 일관된 방식 $\frac{a}{b}$로 쓰인다.

곱셈과 나눗셈의 역연산 관계는 다음과 같은 구구족[8])에 대한 수학적 기반을 제공한다.

$$7 \times 3 = 21 \qquad 3 \times 7 = 21 \qquad 21 \div 3 = 7 \qquad 21 \div 7 = 3$$

덧셈 구구족의 유용성에 대한 논의는 다음 문헌을 참고하시오..
「덧셈과 뺄셈의 필수 이해 : 유아·유치원~2학년까지」(Caldwell 외, 2011)

위 네 가지 중 어느 구구를 사용할 것인지는 주어진 상황과 연산을 선택할 때 하는 추론에 달려 있다. 3장에서는 이러한 생각을 더 자세히 살펴볼 것이다. CaldWell과 공동연구자(2011)는 덧셈과 뺄셈의 관계에 대해 이와 비슷한 논의를 하였다.

할머니가 구슬 21개를 손자들에게 각각 7개씩 나누어 주었다는 [예제 4]에서 학생들은 할머니에게 몇 명의 손자가 있는지 찾아야 한다. 이전에 언급했듯이 학생들은 대개 이러한 문제를 풀 때 왜 나눗셈을 하는지 모르는 상태로 나눗셈을 선택한다. 사실상 이 문제를 논의하면서 아직 나눗셈의 선택을 정당화하는 수학적인 이유를 이야기 하지 않았기 때문에 손자의 수를 A라 하고 곱셈을 사용하여 대수 방정식 $7 \times A = 21$을 만들어 손자의 수를 구하는 전략을 이용하였다. 이제 곱셈과 나눗셈이 역연산 관계에 있음을 인식하였기 때문에 이 방정식을 $A = 21 \times \frac{1}{7}$로 쓸 수 있다. 이는 나눗셈을 이용하여, 즉 21 나누기 7을 하여 답을 구할 수 있음을 나타낸다. 이와 같이 나눗셈의 선택에 대해 정당화하였으므로 나눗셈을 연산으로 선택하는 것이 매우 적절하다.

생각해보기 1.6

[예제 5] 할아버지가 낡은 동전 24개를 가지고 있다. 할아버지는 손자 6명에게 같은 개수의 동전을 나누어 주려고 한다. 손자 한 명이 받게 되는 동전은 몇 개인가?
위와 같은 문제를 푸는 데에 필요한 연산으로 왜 나눗셈을 선택하는 것이 적절한지 설명해 보아라.

8) 구구족은 fact families를 번역한 용어로 서로 관련된 곱셈 구구와 나눗셈 구구 4개를 모두 칭할 때 사용하는 용어이다. 예를 들어, $3\times4=12$, $4\times3=12$, $12\div3=4$, $12\div4=3$은 구구족이다.

6) 나눗셈 상황에서 수 사용하기

필수 이해 1f. 적절한 용어의 사용과 나눗셈 알고리즘의 이해는 나눗셈 상황에서 몫과 나머지가 어떻게 사용되는지를 이해하기 위한 기초를 제공한다.

종종 나눗셈에서 사용하는 용어는 모호하고 부적절하고 오해하기 쉽다. 심지어 나눗셈의 의미를 풍부하게 이해하는 데 방해가 되기도 한다. 용어와 기호를 올바르게 사용하면 산술식의 의미와 이해를 증진시키고 실수를 줄일 수 있다. 다음 예제를 생각해 보자.

- "사과들을 반으로 나누었다고 하자." 이 문장의 뜻은 [그림 1.11]의 (a)와 (b)에 그려진 것처럼 모호하다. (a)에서처럼 사과 전체를 개수가 같은 두 개의 그룹으로 분할한다는 뜻인지, 아니면 (b)에서처럼 각각의 사과를 크기가 같은 두 개의 조각으로 분할한다는 뜻인지 알기가 어렵다. 아래 그림처럼 이 두 가지는 매우 다른 상황이 된다.

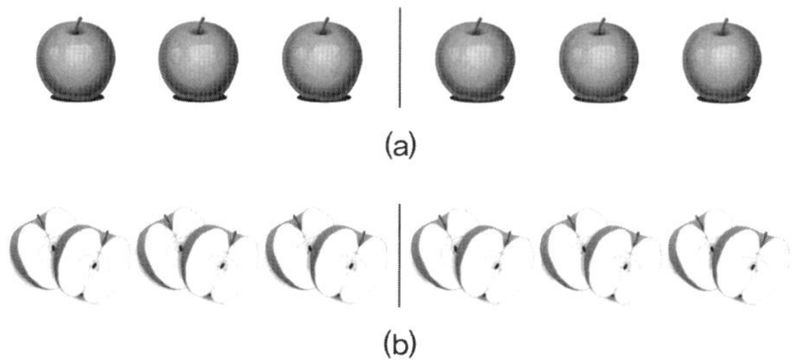

[그림 1.11] 사과 6개가 똑같은 개수의 두 묶음으로 나누어진 경우(A)와 각각의 사과가 두 조각으로 똑같이 나누어진 그림(B)

- "42에 6이 몇 번 들어가는가?"에서 "들어간다."라는 표현은 나눗셈에서, 특히 나눗셈 알고리즘을 설명할 때 주로 사용된다. 하지만 이 표현은 수학적인 의미를 지니고 있지 않기 때문에 피해야 한다.
- "6이 12로 나누어진다(6 is divided into 12)."라는 표현은 다양하게 해석된다. 6을 12로 나눈다는 말인가? 혹은 12를

6으로 나눈다는 의미인가? 나눗셈을 하라는 것인가 아니면 그 자체가 답을 언급하고 있는 것인가? 다르게 해석될 수 있는 표현들은 피해야 한다. 그렇지 않으면 일반적으로 학생들은 의도되지 않은 방향으로 해석할 수 있다.

문제의 어떤 측면을 나타내기 위해 정확한 표기법을 사용하는 것은 첫 단계에서 매우 중요하다. 예를 들어, 학생들은 자주 "자연수 a는 3에 의해 나누어진다."와 같은 문장을 마주한다. 그러면 학생들은 정확하지 않은 식 $a/3$으로 나타내고, 전혀 답을 찾을 수 없는 경우에는 해결 전략을 찾기 어렵게 만든다. 학생들은 a를 3으로 나누는 **연산** 자체와 **결과**를 혼돈한다. 이것은 서로 다른 것이다. 일반적으로 b가 영이 아닌 제수일 때 식 a/b로 쓰며 "a를 b로 나누기"라고 말하는 것이다. a/b는 나눗셈의 문제에서 답이지, 'a를 b로 나누다.' 또는 'a는 b에 의해 나누어질 수 있다.'라는 의미가 아니라는 것에 주의해야 한다. 나눗셈은 이미 a/b와 같은 수식을 만날 때 실행된다. [생각해 보기 1.7]에 있는 문제의 답을 설명하면서 곱셈과 나눗셈의 표기법과 용어를 연결해 보자.

생각해보기 1.7

"a를 b로 나누기(divide a by b)"라고 말한다.
"a와 b를 나누기(divide a and b)"라고 말하는 것이 적절한가?
"곱하기 $a \times b$(multiply $a \times b$)"라고 말하는 것이 적절한가?
"나누기 a/b(divide a/b)"라고 말하는 것이 적절한가?

수학적 아이디어는 개념, 관계, 표현의 이해를 촉진시키기 위해 신중하게 전달되고 정확하게 명시되는 것이 중요하다. 수학적인 용어는 잘 정의되어야하고 수학적인 의미를 갖지 않은 다른 단어와 문구 대신에 사용되어야 한다.

'나눌 수 있는(**divisible**)'이라는 단어는 두 범자연수 사이의 관계와 관련되어 있다. 식 $A=B\times Y$가 성립하는 범자연수 Y가 있을 때 범자연수 A는 자연수 B에 의해 나누어질 수 있다. A 나누기 B의 나머지가 0일 때 A는 B로 나눌 수 있다. 예를 들어, 12는 5로 나눌 수 없지만 15는 5에 의해 나누어지고 0은 7이나 다른 자연수에 의해 나누어진다. 다시 말해 A를 B로 나눌 수 있다는 것은 B가 A의 약수이거나 A가 B의 배수라는 것을 말한다.

"B가 A에 균등하게 들어간다(B goes into A evenly)."라고 말하는 것은 오해의 소지가 있다. '**균등하게(evenly)**'라는 단어는 짝수(even)와 관계가 없음에도 불구하고 관계있는 것처럼 생각할 수 있다. **배수**와 **약수** 같은 수학적으로 엄밀한 단어를 사용하면 '**균등하게(evenly)**'라는 단어가 쓰일 필요가 없다.

나누기를 한 후, 사람들은 가끔 "나머지가 없다."라고 말하지만 그 말은 정확하지 않다. 나눈 후에는 항상 나머지가 있고 이와 같이 말한 사람들은 나머지가 0이라는 것을 의미하는 것이다. 나머지가 0인 것은 "나머지가 없다."와 다른 의미이다.

사실 **몫**과 **나머지**는 나눗셈 개념과 관련하여 두 개의 서로 다른 중요한 개념들이다. 범자연수를 자연수로 나눌 때 **피제수**가 **제수**의 배수일 수도 있고 아닐 수도 있다. 일반적으로 범자연수 a를 자연수 b로 나눌 때 **몫**이 q이고 **나머지**가 r이 되며, $a=bq+r(0\le r<b)$과 같다. q와 r은 이 조건을 만족하는 하나의 수라는 것에 주의해야 한다. 즉, **유일하다**는 의미이다. 이 표현은 **호제법**이라고 부른다. 예를 들어, 13과 5는 13=(2×5)+3과 같이 나눗셈 관계로 나타낼 수 있으며, 2는 몫이고 3은 제수인 5보다 작은 나머지임에 주의해야 한다. Bates와 Rousseau(1986)는 호제법을 나타내기 위해 여러 가지 방법을 제안하였다. [생각해 보기 1.8]은 몫과 나머지의 유일함을 보이기 위해 수직선을 사용해서 탐구하는 것이다.

생각해보기 1.8

다음에서 a는 피제수이고 b는 제수이다. 몫 q와 나머지 r을 찾고 $a=bq+r$ 형태의 식으로 써라.

1. $a=34$, $b=7$
2. $a=4$, $b=9$
3. $a=20$, $b=4$
4. $a=0$, $b=6$

문제 1번에서 어떻게 몫과 나머지를 찾았는지 수직선을 사용하여 설명해 보아라.
몫과 나머지가 사람들에게 유일하다는 것을 이해시키기 위해 수직선으로 어떻게 설명할 수 있는가?

여러 가지 상황에서 학생들은 제수, 몫, 나머지가 문맥에서 어떻게 사용되는지 이해할 필요가 있다. 몫과 나머지를 계산했을 때 상황의 문맥 속에서 제수, 몫, 나머지를 해석하고 답을 찾기 위해 각각을 어떻게 사용하는지 이해하는 자세가 필요하다. [예제 12]를 생각해 보자.

‖ 예제 12 ‖

티나가 오렌지 43개를 가지고 있는데 크기가 같은 상자에 포장을 하려고 한다. 티나가 시험해 보니 한 상자를 완전히 채우기 위해서는 오렌지 8개가 필요하다는 것을 알았다.

- 티나가 완전히 채울 수 있는 상자는 최대 몇 개인가?
- 가능한 한 많은 상자를 완전히 채운 후, '여분의' 오렌지는 몇 개인가?
- '여분의' 오렌지 없이 모든 오렌지를 포장하고 모든 박스를 가득 채우기 위해서는 오렌지가 몇 개 더 필요한가?
- 만약 티나가 상자에 오렌지를 모두 포장한다고 할 때,

필요한 상자는 최소 몇 개인가? 필요한 상자는 최대 몇 개인가?

위 문제에 있는 서로 다른 상황에서 서로 다른 방법으로 나머지가 사용되는 것을 살펴보았다. 문제의 답을 구하고, 특히 마지막 두 문제에 대한 여러분의 해석과 추론을 설명해 보아라.

[생각해 보기 1.9]에 제수 4가 다른 의미를 가지고 있어서 서로 다른 방법으로 사용될 수 있는 두 가지 예가 있다. 수들이 무엇을 나타내는지, 그것들이 어떻게 사용되었는지를 해석하는 것은 부분적으로 나눗셈의 이해를 발전시킨다.

생각해보기 1.9

다음 각 상황에서 11÷4를 포함하는 문장제를 만들어 보아라.

1. 4개씩 2묶음하고 3이 남았다.
2. 2개씩 4묶음하고 3이 남았다.

나머지들이 어떻게 사용되었는지, 두 예시의 관련성을 나눗셈의 두 가지 모델인 **등분할**과 **측정 모델**로 설명하여라.

핵심 아이디어 2

계산 절차에 내재되어 있는 연산의 성질

Big idea

곱셈과 덧셈의 성질은 암산이나 어림 전략, 학생들이 스스로 고안한 알고리즘이나 표준알고리즘과 같은 곱셈과 나눗셈 계산 과정을 이해하는 데 필요한 수학적 기초를 제공한다.

곱셈과 나눗셈의 계산 과정은 정확한 답을 구하는 알고리즘과 어림을 위한 전략을 모두 포함하고 있다. 제대로 어림하는 학생은 다양한 전략을 소유하고 있으며 다양한 전략들을 유연하게 사용한다.

1) 증명과 유연성을 위한 연산의 성질 사용하기

필수 이해 2a. 곱셈은 교환법칙과 결합법칙, 덧셈에 대한 분배법칙이 성립하며 이는 범자연수 계산의 유연성을 보장하고, 계산 절차에 대한 정당성을 제공한다.

곱셈과 나눗셈의 모든 계산 과정은 자릿값 개념과 덧셈과 곱셈의 성질이 기반을 이루고 있다. 이러한 성질에는 덧셈과 곱셈 연산은 교환법칙과 결합법칙이 성립하며 덧셈에 대한 곱셈의 분배법칙이 성립한다는 사실이 포함된다.

곱셈과 나눗셈 연산에 대해 깊이 이해하기 위해서는 자릿값에 대한 이해가 필요하다. 수를 자릿값에 의해 분해하는 것은 계산 과정에서 많은 도움이 된다. 예를 들어 504를 8로 나눌 때 504를 십 48개와 일 24개로 생각하면 계산을 매우 쉽게 할 수 있다. 십 48개를 8로 나누면 십이 6이 된다. 24를 8로 나누면 3이다. 그래서 답은 63이 된다.

자릿값에 대한 확장된 논의는 다음 문헌을 참고하시오.
「수와 기수법의 필수 이해 : 유아·유치원~2학년까지」(Dougherty 외, 2010)

이 책은 곱셈과 나눗셈에 초점을 두었기에, 자릿값과 덧셈의 성질에 대한 구체적인 논의는 포함하고 있지 않다. 「필수 이해 시리즈」의 다른 책에서 수 표현에 필요한 개념(Dougherty 외, 2010)과 덧셈과 뺄셈 연산(Caldwell 외, 2011)들을 다루고 있다.

덧셈과 뺄셈의 성질에 대한 상세한 검증을 확인하기 위해서는 다음 문헌을 참고하시오.
「덧셈과 뺄셈의 필수 이해 : 유아·유치원~2학년까지」(Caldwell 외, 2011)

교환법칙 : $a \times b = b \times a$

8~9쪽에서 이미 논의했던 [예제 2]는 로버트의 각 셔츠에는 단추가 4개씩 달려 있을 때, 셔츠 5장에 달려 있는 단추는 모두 몇 개인지를 묻는 문제였다. 이미 주목했듯이 학생들은 이 상황을 각각 단추 4개가 달려 있는 셔츠 5장을 그린 그림으로 표현할 수 있다. 한 가지 해석은 4×5 곱셈식으로, 다른 해석은 5×4 곱셈식으로 나타내었다.

단추의 개수는 각 해석에서 동일하기 때문에 등식 4×5=5×4로 쓰는 것이 의미가 있다. 4×5와 5×4가 동일한 값을 가짐에도 불구하고 이 두 가지에 대한 해석은 동일하지 않다. 4×5에서 5는 셔츠 1장에 달려 있는 단추의 개수 4를 5배하는 스칼라 역할을 하며, 5×4에서 4는 셔츠 5장에 달려 있는 첫 번째 단추 수인 5를 4배하는 스칼라 역할을 한다.

학생들은 교환성이라는 용어를 모르거나 이를 정확하게 사용하지는 못하여도 교환성이 계산을 보다 쉽게 만든다는 것을 알 수 있다. 가령 2×8(2개씩 8묶음, 즉 2+2+2+2+2+2+2+2)를 계산하기 위해, 어떤 학생들은 8×2(8개씩 2묶음, 즉 8+8)를 구하는 것이 훨씬 효율적이고 쉽다는 것을 발견한다.

교환성에 대한 이해는 학습해야 할 곱셈구구의 절반을 아주 쉽게 익히도록 해준다. [그림 1.12]에 있는 표에서 2×4는 4×2와 대각선 반대쪽에 있게 된다. 사실 모든 두 수 a와 b에 대해 $a \times b$와 $b \times a$는 같기 때문에 이러한 곱들은 대각선에 관하여 대칭인 칸에 나타난다. 교환성 때문에 곱셈 구구를 학습하는 학생들은 [그림 1.12]에 있는 표에서 회색과 검은색 칸으로 나타나는 구구만을 학습하면 된다.

×	0	1	2	3	4	5	6	7	8	9
0	0	0	0	0	0	0	0	0	0	0
1	0	1	2	3	4	5	6	7	8	9
2	0	2	4	6	8	10	12	14	16	18
3	0	3	6	9	12	15	18	21	24	27
4	0	4	8	12	16	20	24	28	32	36
5	0	5	10	15	20	25	30	35	40	45
6	0	6	12	18	24	30	36	42	48	54
7	0	7	14	21	28	35	42	49	56	63
8	0	8	16	24	32	40	48	56	64	72
9	0	9	18	27	36	45	54	63	72	81

[그림 1.12] 곱셈의 교환법칙을 보여주는 곱셈표에서 찾을 수 있는 대칭

그러나 뺄셈과 마찬가지로 나눗셈에서는 순서가 중요하다 (Caldwell 외, 2011 참조). 다음 두 몫은 다르다.

$$\text{두 몫 } 12 \div 3 = 4\text{와 } 3 \div 12 = \frac{1}{4}$$

반례는 어떤 성질이 범자연수 체계에서 성립하지 않음을 보여주는 데 충분하므로 위 반례를 통해 곱셈과 덧셈에서는 교환법칙이 성립하지만 나눗셈과 뺄셈에서는 그렇지 않다고 말할 수 있다. [생각해 보기 1.10]은 피제수와 제수가 뒤바뀐 두 나눗셈 사이의 관계를 탐구한다.

생각해보기 1.10

다음 두 몫이 어떤 관련이 있는지 설명해 보아라.

$$12 \div 3 = 4 \text{ 와 } 3 \div 12 = \frac{1}{4}$$

뺄셈에서 피감수와 감수가 뒤바뀐 두 뺄셈식 사이의 관계와 비교해 보아라.

$$7 - 4 = 3 \text{ 과 } 4 - 7 = -3$$

결합법칙: $(a \times b) \times c = a \times (b \times c)$

7×6×5와 같은 곱셈식은 흔하다. 그러나 여기서는 한 번에

오직 두 수의 곱셈만을 할 수 있다. 따라서 7과 6, 또는 6과 5의 곱이 가능하다. 그러면 두 가지가 가능한 경우 어느 것을 먼저 곱하여야 하는가? 괄호를 사용해서 7×6×5를 다른 두 가지 방식인 (7×6)×5와 7×(6×5)으로 쓸 수 있다는 것은 이미 알고 있는 사실이다. 곱셈 결과는 모두 같다. 그러나42×5보다는 7×30이 암산하기 수월하다. 곱셈의 결합법칙은 괄호를 사용하지 않고도 세 개 이상의 수들의 곱셈을 나타낼 수 있게 해주며, 인수들을 어떻게 묶는지와는 관계없이 항상 같은 결과를 얻게 된다. 가령 결합법칙을 사용하지 않고서 2×3×4×5를 계산하는 다른 방법에는 어떠한 것이 있는가?

범자연수에서 곱셈의 결합법칙이 왜 성립하는지에 대한 이해를 돕기 위해서 세 모서리가 각각 7, 6, 5인 사각기둥의 부피를 생각해 볼 수 있다. 먼저 모서리 길이가 7과 6인 밑면을 생각하여 보자([그림 1.13 a] 참조). 이때 이 밑면 위에 "두께"가 1인 각 층들이 쌓여 각기둥의 부피를 구성하고 있는 것을 상상할 수 있다. 바닥 층에는 단위부피 7×6개로 이루어진 (7×6)×1의 각기둥이다. 여기서 구하고자 하는 각기둥은 5개 층으로 이루어져 있고, 따라서 부피는 단위부피 (7×6)×5개를 갖게 된다. 이 각기둥을 돌려 모서리가 6과 5인 면을 밑면으로 생각할 수 있다([그림 1.13 b] 참조). 이것의 부피를 단위부피 7개로 이루어진, 즉 1×1×7의 세로 막대로 생각해 보자. 1×1×7의 세로 막대가 6×5개가 되고 결국 부피는 단위부피 7×(6×5)개가 된다.

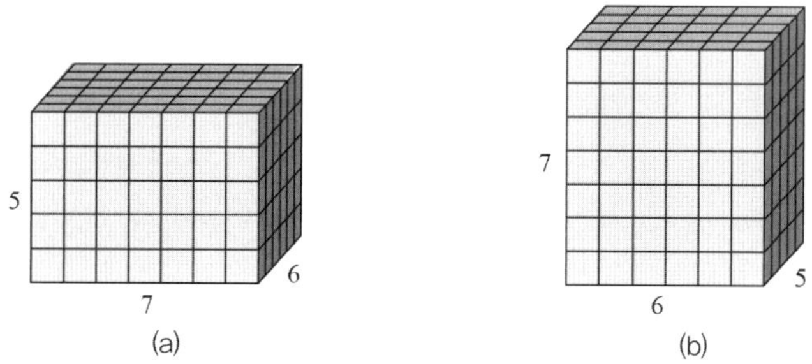

[그림 1.13] 범자연수에서 곱셈의 결합 성질을 증명하기 위해 각 기둥을 다른 관점에서 바라본 그림

이때 단위부피의 수로 부피를 어떻게 계산하는가와 상관없이 항상 동일함을 알 수 있다. 그래서 이 두 식이 동치라는 것, 즉 범자연수의 곱셈에서 결합법칙이 성립한다는 것의 의미를 파악하게 해준다. 범자연수의 곱셈에서 결합법칙이 성립한다는 사실에 대한 일반적인 진술은 직육면체의 세 모서리 길이를 a, b, c로 놓아 만들 수 있다.

결합법칙을 나눗셈 연산에 적용하면 어떻게 되는가? 다음 예를 살펴보자.

$$(60 \div 6) \div 2 = 10 \div 2 = 5$$
$$60 \div (6 \div 2) = 60 \div 3 = 20$$

이 두 값은 서로 다르다. 따라서 뺄셈 연산의 경우와 같이 나눗셈에서는 결합법칙이 성립하지 않는다. $60 \div 6 \div 2$와 같은 수식을 어떻게 계산하여야 하는가는 연산 순서와 관련하여 이후에 고려하게 될 중요한 사항이다.

곱셈의 성질인 교환성과 결합성의 위력은 계산할 때 유연성을 발휘하게 해주는 데 있다. 가령 결합법칙을 이용하면 곱셈 구구 4×7을 $(2 \times 2) \times 7$ 혹은 $2 \times (2 \times 7)$로 생각하여 계산할 수 있는데 어떤 것을 사용할지는 학생들의 선택에 달려 있다. 결합성을 사용하기 위해서는 수식에 포함된 적어도 하나의 수를 분해해야 한다.

$8 \times 17 \times 25$라는 식을 생각해 보자. 이때 $(8 \times 17) \times 25$ 혹은 $8 \times (17 \times 25)$와 같이 두 곳 어디에나 괄호를 넣을 수 있다. 그러나 둘 다 쉽게 암산이 가능하지 않다. 그럼에도 결합법칙과 교환법칙이 가능한 유연성과 함께 대부분 초등학교 고학년 학생들이 알고 있는 바를 사용해서 계산을 훨씬 단순하게 만들 수 있다. 대부분의 학생들이 $\frac{1}{4}$이 4개이면 1이 됨을 안다. 그래서 25×4는 100이다. 이러한 지식으로 25×8을 다음과 같이 쉽게 암산할 수 있다. 결합법칙을 이용하면

$$25\times8=25\times(4\times2)=(25\times4)\times2=100\times2=200$$

이 된다. 이 과정은 $8\times17\times25$ 를 암산으로 구하는 전략을 다음과 같이 제시해준다.

$$\begin{aligned}(8\times17)\times25 &= (17\times8)\times25 && \leftarrow \text{교환법칙}\\ &= 17\times(8\times25) && \leftarrow \text{결합법칙}\\ &= 17\times\{(2\times4)\times25\} && \leftarrow 8=2\times4\\ &= 17\times\{2\times(4\times25)\} && \leftarrow \text{결합법칙}\\ &= 17\times(2\times100) && \leftarrow 4\times25=100\\ &= (17\times2)\times100 && \leftarrow \text{결합법칙}\\ &= 34\times100 && \leftarrow 17\times2=34\\ &= 3400 && \leftarrow 34\times100=3400\end{aligned}$$

이 예에서 곱셈 구구 몇 가지와 함께 교환법칙과 결합법칙을 사용하였다. 어떤 성질을 사용할 것인지 알고 계산 상황에서 이런 성질을 유연하게 사용한다는 것은 곱셈을 이해했다는 것을 의미한다. $4\times8\times15$를 간단히 계산하기 위해 교환법칙과 결합법칙을 어떻게 사용할 수 있는가?

이러한 성질들은 세 수 이상의 곱셈으로 확장가능하다. 곱셈에 관한 결합법칙과 교환법칙은 곱하는 수들이 어떤 순서나 방식으로 묶여 있거나 재배열되어도 된다는 것을 의미한다. 여러 계산을 단순화하기 위해 이러한 성질을 적용할 수 있다.

곱셈식 $5\times8\times6\times4$를 가지고 결합법칙을 사용하면 다음에서 보듯이 다양한 방식으로 괄호를 사용해도 여전히 동일한 결과를 얻는다.

$$\{(5\times8)\times6\}\times4=(40\times6)\times4=240\times4=960$$
$$5\times\{(8\times6)\times4\}=5\times(48\times4)=5\times192=960$$
$$\begin{aligned}(5\times8)\times(6\times4)&=40\times24=(10\times4)\times24\\ &=10\times(4\times24)=10\times96=960\end{aligned}$$

이 예들은 증명은 아니지만 어떤 두 수의 곱에서 괄호가 필요하지 않음을 보여준다. 결합법칙과 관련해서 해왔던 추론과

수학적 추론과 일반화에 대한 논의는 다음 문헌을 참고하시오.
「수학적 추론의 필수 이해 : 유아·유치원~8학년까지」(Lannin 외, 2011)

일반화에 대한 추가적인 논의는 Lannin과 공동연구자(2011)의 책을 보기 바란다.

대수에서 일반화된 중요한 성질은 다음 문헌에 포함된 핵심 아이디어의 기초가 된다.
「대수적 사고의 필수 이해 : 3학년~5학년까지」(Blanton 외, 2011)

위에서 살펴본 것뿐만 아니라 곱하는 수들을 다르게 재배열해서 계산을 해도 동일한 결과를 얻는다. 교환법칙과 결합법칙은 서너 개 이상의 수의 곱을 계산할 때 상당한 유연성을 발휘한다. 학생들은 자신들에게 가장 의미 있는 형태로 수를 배열할 수 있다. 학생들이 두 성질을 어떻게 사용할 수 있는지를 곱셈식 $5 \times 8 \times 6 \times 4$를 구하는 과정에서 살펴보아라.

일반화된 성질은 곱하는 수들은 원하는 대로 재배열될 수 있으며 괄호는 어떤 식으로든 삽입될 수 있다는 것이다. 학생들이 알고 있는 바를 사용하여 계산을 단순하게 하기 위해 곱하는 수들을 새롭게 묶거나 순서를 바꿀 수 있다. 곱셈의 성질은 학생들이 계산을 효율적으로 수행하는 것을 가능하게 해준다. 이러한 성질들을 알고 계산에서 이를 어떻게 이용할지 아는 것은 곱셈에 관한 이해의 한 부분이다. 이런 성질들에 대한 이해는 대수에 관한 이해의 발판을 마련하기에 매우 중요하다. 왜냐하면 이러한 성질들이 문자가 사용되는 상황으로 확장되기 때문이다. 이러한 성질에 대한 이해는 [생각해 보기 1.11]에 탐구되는 과제와 같은 예를 만들 때 중요하다. 이러한 성질들에 대한 지식은 학생들의 활동을 해석하고 평가할 때에도 아주 유용하다. 예를 들어, Caliandro(2000)가 지도하는 학생에 의해 사용된 다양한 여러 자릿수들의 곱셈에 사용된 전략을 살펴보아라.

생각해보기 1.11

교환법칙과 결합법칙을 사용하면 계산이 간단하게 되는 예를 적어도 두 가지 만들어 보아라.

교환법칙과 결합법칙을 $26 \times 42 = \square \times 21$에서처럼 빈 칸에 들어갈 수를 구하는 상황에서도 효율적으로 사용할 수 있다.

21이 42의 반이라고 인식하면 42를 21×2라고 쓸 수 있어서

$$26 \times (2 \times 21) = \square \times 21$$
$$(26 \times 2) \times 21 = \square \times 21$$

가 된다.

결합법칙을 사용하여 52라는 답을 얻게 된다. 한 가지 대안적인 접근으로 21은 42의 절반이기 때문에 다른 수가 두 배가 되어야 값이 같게 된다. 두 전략 모두 수들 사이의 관계를 인식하는 능력이 요구된다.

덧셈에 대한 곱셈의 분배법칙: $a \times (b+c) = (a \times b) + (a \times c)$

분배법칙의 위력은 그것이 덧셈과 곱셈이라는 두 가지 기본 연산을 서로 연결해 주며 범자연수의 추가적인 여러 성질을 설명해 주는 데 있다. 여기서 주된 관심사는 이 성질이 곱셈 및 덧셈과 관련된 여러 계산 과정을 설명해 주거나 설명을 발전시키는 데에 있다. 분배법칙 또한 대수적 조작에 대한 이해와 숙달을 위해서도 중요하다.

계산 과정을 이해하려는 학생들에게 분배법칙의 유용성은 [예제 13]에서 분명히 드러난다.

‖ 예제 13 ‖

어느 4학년 학급이 추수감사절에 가족들에게 나누어줄 과일 바구니 26개를 사려고 한다. 각 바구니에는 사과 18개, 배 23개가 들어있다. 바구니 전체에는 모두 몇 개의 과일이 들어있는가?

다음은 가능한 해결 전략을 설명한 것이다.

첫 번째 전략 : 바구니 하나에 들어 있는 과일의 개수를 구하기 위해 $18+23$을 구하고 거기에 바구니의 개수인

26을 곱한다. : $(18+23)\times 26$

두 번째 전략 : 사과의 전체 개수인 (18×26)을 구하고 배의 전체 개수인 (23×26)을 구한 다음 이 둘을 더하여 전체 과일의 개수를 구한다. : $(18\times 26)+(23\times 26)$

전체 과일 개수는 동일하기 때문에 전략과 무관하게 이 두 식의 값은 항상 같게 된다. 등식 $(18+23)\times26=(18\times26)+(23\times26)$은 덧셈에 대한 곱셈의 분배법칙이 성립함을 보여주는 한 예이다.

곱셈 구구를 학습할 때가 처음으로 분배법칙을 사용하는 경우이다. 학생들은 인수들을 분해하는 전략을 사용한 다음 구하고자 하는 곱셈을 알기 위해 이미 알고 있는 곱셈 구구를 적용한다. 이를테면 학생들은 곱셈 구구 6×7의 값을 구할 때 6을 3+3으로 간주한다. 그러면 이 문제는 $(3+3)\times7$로 바뀌게 되어 3의 7배와 3의 7배의 합이 된다. 이는 3×7을 이미 알고 있다면 유용하다.

학생들에게 인기 있는 전략이 한 인수에 대해 5를 포함한 두 수로 분해하는 것이다. 예를 들어, 7×8에서 7을 $5+2$로 생각하는 것이다. 그래서 $7\times8=(5+2)\times8$이 되고, 5×8은 40이고 2×8은 16이니 결과는 $40+16$, 즉 56이다.

두 번째 전략의 확장은 암산을 할 때도 유용하다. 가령 27과 5를 곱할 때 한 가지 전략은 27을 분해하여 20+7로 생각하고 각 항에 5를 곱하는 것이다. 그래서 매우 쉽게 계산할 수 있는 두 식을 얻게 된다. 이 전략은 분배법칙뿐만 아니라 자릿값 개념을 이해해야 사용할 수 있다. [그림 1.14]에 있는 넓이 그림은 이런 전략 이면에서 이루어지는 추론을 보여준다. Englert과 Sinicrope(1994)는 4학년 학생들이 이러한 표현을 사용하는 것에 대해 서술하고 있다.

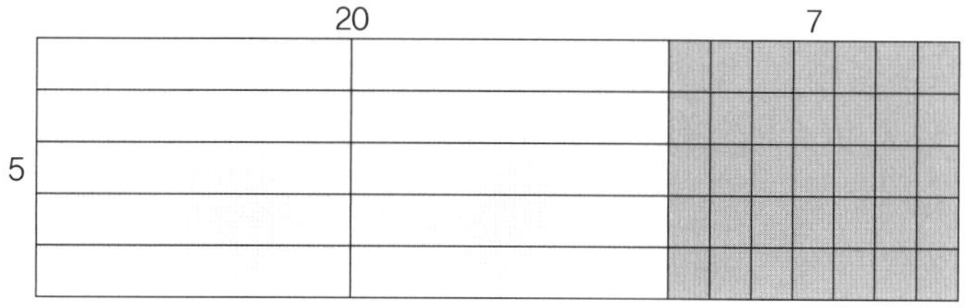

[그림 1.14] 27×5을 나타내는 사각형

이 그림은 27×5 직사각형을 20×5 직사각형과 7×5 직사각형 두 개로 분할한 것을 보여준다. 이 직사각형의 넓이는 27×5이다. 또한 넓이는 20×5와 7×5의 합, 즉 (20×5)+(7×5)이다. 유사한 표현으로 일반화하면 모든 범자연수에서 분배법칙이 성립함을 설명할 수 있다. [생각해 보기 1.12]에서 암산할 때 분배법칙의 유용성을 탐구해 보자.

생각해보기 1.12

다음 값을 구하기 위한 간단한 암산에서 분배법칙이 어떻게 사용될 수 있는지 설명하여라.

$$102 \times 23 = \square$$

$$201 \times 14 = \square$$

2) 나눗셈의 성질 규명하기

필수 이해 2b. 덧셈에 대한 나눗셈의 우측 분배법칙은 범자연수의 나눗셈을 유연하게 하고 계산 과정을 증명하지만, 덧셈에 대한 나눗셈의 좌측 분배법칙은 성립하지 않으며 뿐만 아니라 나눗셈에서는 교환법칙과 결합법칙도 성립하지 않는다.

덧셈에 대한 나눗셈의 분배법칙이 성립하는가? 예를 들면, $60 \div (2+3)$은 $(60 \div 2)+(60 \div 3)$과 같은가?

$$60 \div (2+3) = 60 \div 5 = 12$$

$$(60 \div 2) + (60 \div 3) = 30 + 20 = 50$$

계산 결과가 같지 않다. 그래서 이 경우에는 나눗셈의 분배법칙이 성립하지 않는다. 그러나 제수 대신에 피제수를 합으로 적은 상황을 생각해 보자. $(20 + 40) \div 5$는 $(20 \div 5) + (40 \div 5)$와 같은가?

$$(20 + 40) \div 5 = 60 \div 5 = 12$$
$$(20 \div 5) + (40 \div 5) = 4 + 8 = 12$$

이것은 분배법칙이 성립하는 한 예이다. 수학자들은 나눗셈이 덧셈에 대한 **우측 분배법칙**은 성립하지만 **좌측 분배법칙**은 성립하지 않는다고 말한다.

학생들은 분배법칙에 대한 자신들의 추측에 바탕을 두고서 타당한 나눗셈 전략과 타당하지 않은 나눗셈 전략을 발전시켜야 한다(Weiland, 1985). 몇몇 학생들은 분배법칙을 잘못 적용해서 대수식을 처리할 때 어려움을 겪는다. 가령

$$\frac{2x+4}{2}$$

를 간단히 할 때, 어떤 학생들은 2들끼리만 약분하여 오답인 $x+4$를 얻는다. 올바른 과정은 다음과 같다.

$$\frac{2x+4}{2} = (2x+4) \div 2 = (2x \div 2) + (4 \div 2) = x + 2$$

유사한 방식으로 어떤 학생들은 다음과 같은 부정확한 답을 구한다.

$$\frac{2}{2x+4} \text{를 간단히 하면 } \frac{1}{x+4}$$

이것은 유리수를 다룰 때 덧셈에 대한 곱셈의 분배법칙을

확실히 이해하는 것이 왜 중요한지 그 이유를 보여준다. 연산의 성질을 이해하게 되면 학생들은 기계적으로 암기한 절차를 단순히 사용하기 보다는 또 부정확하게 만들어진 공식을 사용하기 보다는 오히려 추론하고 의미를 파악하게 된다.

$a-b$는 $a+(-b)$를 의미하기에 곱셈은 뺄셈에 대해서도 분배법칙이 성립한다. 이것은 곱을 구하는 암산에서 뺄셈을 사용할 수 있게 해준다. 이를테면 29와 4의 곱을 구하는 암산을 할 때 학생들은 다음과 같이 추론을 할 수 있다.

"30 곱하기 4는 29 곱하기 4보다 4가 크다. 그래서 나는 30에 4를 곱한 후 4를 뺀다. 이것은 $120-4$, 즉 116이 된다." 이 암산 과정을 수식으로 나타내면 다음과 같다.

$$29\times4=(30-1)\times4=(30\times4)-(1\times4)=120-4=116$$

학생들은 17과 18의 곱을 암산할 때도 위와 유사한 전략을 사용할 수 있다. 학생들은 18을 $20-2$로 생각한 후 17과 20의 곱을 구하고 그 후에 17×2를 뺀다. 이러한 암산 과정을 수식으로 나타내면 다음과 같다.

$$\begin{aligned}17\times18&=17\times(20-2)\\&=(17\times20)-(17\times2)=340-34=306\end{aligned}$$

위 두 가지 경우 학생들은 문제를 10의 배수를 사용하는 것으로 변경하였다. 왜냐하면 이러한 곱이 암산으로 계산하기에 매우 쉽기 때문이다. 그러나 학생들은 이미 알고 있는 곱을 사용할 수도 있다. 예를 들어, 25×25가 625라고 알고 있는 학생은 24×25를 다음과 같이 추론하여 곱을 구할 수 있을 것이다.

$$\begin{aligned}24\times25&=(25-1)\times25\\&=(25\times25)-(25\times1)=625-25=600\end{aligned}$$

앞에서 논의했듯이, 나눗셈에서 분배법칙은 피제수를 분해할 수 있을 때 사용할 수 있다. 가령 6003을 3으로 나누려는 학생은 6003을 6000+3으로 분해하면 암산이 매우 단순해진다. 이를 식으로 나타내면 다음과 같다.

$$6003 \div 3 = (6000 + 3) \div 3$$
$$= (6000 \div 3) + (3 \div 3) = 2000 + 1 = 2001$$

암산으로 344를 8로 나누려는 다른 학생은 이미 알고 있는 계산 결과 $320 \div 8 = 40$과 $24 \div 8 = 3$을 사용하여 진행할 수 있다. 이를 식으로 나타내면 다음과 같다.

$$344 \div 8 = (320 + 24) \div 8$$
$$= (320 \div 8) + (24 \div 8) = 40 + 3 = 43$$

위에 있는 산술식과 그것들로부터 나오는 대수식 사이의 관련성을 검토하는 것이 유용하다는 것은 쉽게 파악할 수 있다. 제수를 분해하는 전략이 항상 부정확한 결과로 이어진다는 사실에 주목해야 한다. 예를 들면, $100 \div 20$의 몫은 두 몫의 합 $(100 \div 10) + (100 \div 10)$과 같지 않다.

분배법칙은 또한 곱셈 결과를 비교하는 데 도움이 된다. 이를테면 46×35와 45×36 중에 어느 것이 큰가? 이때 46×35를 46개씩 35묶음으로 생각할 수 있다. 46을 45+1로 분해하면 45개씩 35묶음에 35묶음이 한 개 더 있는 것을 파악할 수 있다. 이런 상황을 [그림 1.15 a]에서처럼 직사각형 영역으로 나타나는 넓이 모델로 설명할 수 있다.

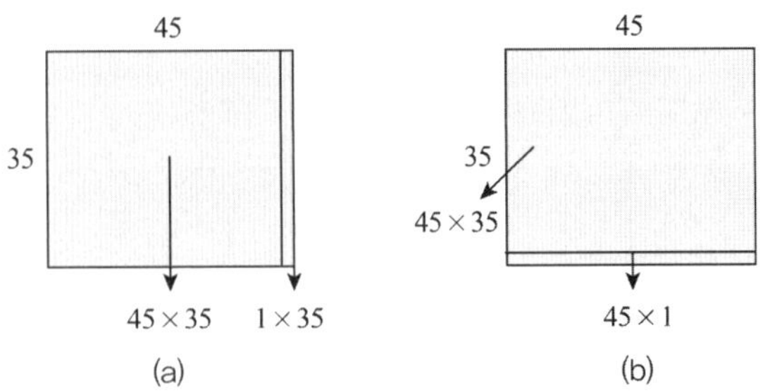

[그림 1.15] 46×35와 45×36의 분해를 나타내는 두 직사각형

유사하게 45×36을 45개씩 36묶음, 즉 45개씩 35묶음과 45개 한 묶음으로 생각할 수 있다. 이것은 [그림 1.15b]에 제시되어 있다. 두 그림은 45×35의 동일한 부분이 있다. 첫 번째 경우, 나머지 부분은 35개이다. 반면에 두 번째 경우, 나머지 부분이 45개이다. 다음은 곱을 구하기 위한 분해 과정을 나타낸 수식이다.

$$46 \times 35 = (45+1) \times 35 = (45 \times 35) + (1 \times 35) = 45 \times 35 + 35$$
$$45 \times 36 = 45 \times (35+1) = (45 \times 35) + (45 \times 1) = 45 \times 35 + 45$$

그래서 45×36이 46×35보다 크다. 이렇게 비교한 것과 [생각해 보기 1.13]에서 비교하는 것과의 유사점과 차이점을 알아보아라.

생각해보기 1.13

분배법칙을 이용하여 43×57과 47×53을 비교하여라.
어느 것이 더 큰가? 또 얼마나 더 큰가?
그림으로 나타내고 설명해 보아라.

분배법칙은 [예제 14]에서 보듯이 어림에서도 유용하다.

‖ 예제 14 ‖

8온스인 올리브 단지가 5.93달러일 때, 온스당 가격을 센트로 어림하여라.

어림을 위해 사용 가능한 한 가지 전략은 기본 곱셈 구구를 사용하여 8의 배수를 선택하는 것이다. 만약 1온스당 70센트라고 어림한다면, 8×7이 56이므로 8×70은 560이다. 그리고 5.60달러는 5.93달러에 가깝다. 그러나 70센트로 어림하면 값이 남아서 너무 작게 잡은 꼴이 된다. 덧셈에 대한 나눗셈의 우측 분배법칙을 사용하여 보다 정확한 어림을 할 수 있다. 즉, 593

을 간단히 8의 배수의 합으로 나타내고, 남은 수는 그 수에 가까운 8의 배수로 대체하는 것이다. 예를 들면, 593=560+33에서 32가 8의 배수이고, 33에 가까운 수이므로 593÷8은 다음과 같이 생각할 수 있다.

$$(560+32)\div 8=(560\div 8)+(32\div 8)=70+4=74$$

덧셈에 대한 곱셈의 분배법칙은 오직 두 항의 합을 포함하고 있다. 그러나 이 성질을 일반화하면 두 개 이상의 항에 대한 곱셈의 분배법칙으로 확장된다. 예를 들면,

$$6\times(3+4+5)=(6\times 3)+(6\times 4)+(6\times 5)$$

일 때, 덧셈에 대한 곱셈의 분배법칙을 두 번 사용하여 이 결과를 증명할 수 있다.

$$\begin{aligned}6\times(3+4+5)&=6\times\{3+(4+5)\}\\&=(6\times 3)+6\times(4+5)\\&=(6\times 3)+(6\times 4)+(6\times 5)\end{aligned}$$

여러 개의 항을 갖는 덧셈에 대한 곱셈의 일반화된 분배법칙은 덧셈에 대한 곱셈의 분배법칙을 여러 번 반복 사용하여 증명할 수 있다.

3) 연산 순서를 통해 모호성 피하기

필수 이해 2c. 연산 순서는 여러 연산이 포함된 수식을 계산할 때 애매모호함과 여러 답의 가능성을 제거하기 위한 관습이다.

만약 문제를 해결하기 위해 작성한 수식이 한 가지 이상의 연산을 포함하고 있다면, 어느 연산을 먼저 수행해야 하는가? 이것은 [예제 15]가 제기하는 중요한 문제이다.

‖ 예제 15 ‖

수지와 해리는 계산기에 $3+4\times5$를 입력하였다. 수지는 답으로 23을 얻었다. 해리는 답으로 35를 얻었다. 둘 다 옳은가? 이들의 답을 어떻게 해석할 수 있을까?

수지와 해리는 23과 35라는 서로 다른 두 개의 결과를 얻었다. 이 상황과 관련된 다른 측면을 탐색하기 전에 [생각해 보기 1.14]를 통해 이 학생들이 각자 답을 어떻게 구했는지 살펴보자.

생각해보기 1.14

수지의 계산기는 어떻게 계산하여 답이 23이 나왔는가?
해리의 계산기는 어떻게 계산하여 답이 35가 나왔는가?

이런 형태의 수식은 정답이 두 가지로 나올 수 있는가? 분명히 아니다. 오직 하나의 답만 필요하다. 가령 과학자가 인공위성의 위치를 결정하기 위해 수식을 사용하고 있을 때, 이러한 수식을 계산하려는 모든 사람이 동일한 방식으로 정확히 계산해야 함은 매우 중요하다. 모호성을 피하기 위해 수학자들은 계산을 수행할 때 따라야 하는 규칙들에 동의하였다. 이러한 관습들은 연산을 어떤 순서로 해석할 것인가에 대한 혼동이 없도록 확실하게 해준다. 이것들은 성질이 아니며 정리나 공리 또한 아니다. 규칙은 다음과 같다.

1. 괄호 안에 있는 연산을 먼저 수행한다.
2. 지수와 관련된 연산을 수행한다.
3. 왼쪽부터 오른쪽 방향으로 모든 곱셈과 나눗셈을 수행한다.
4. 다시 왼쪽부터 오른쪽 방향으로 모든 덧셈과 뺄셈을 수행한다.

보통 이러한 관습은 **연산 순서**라 불린다. 수지의 계산기는 먼저 4와 5를 곱하고 그런 다음에 3을 더해 23이라는 답을 얻어 위에 주어진 규칙을 따르고 있다. 해리의 계산기는 대조적으로 왼쪽부터 오른쪽이라는 경직된 연산을 수행하였다. 이것은 괄호가 없는 계산기에서 흔히 있는 일이다. 두 수가 한 연산과 함께 입력되면 계산기는 더 진행하기에 앞서 입력한 연산을 수행해야 한다. 해리의 계산기는 3과 4를 더했고 그 결과에 5를 곱하였다. 이는 연산 순서를 따르지 않았기 때문에 위에 주어진 규칙에 어긋난다. 연산 순서를 따르도록 기대할 때 부정확한 답이 나올 수도 있다. [생각해 보기 1.15]를 통해 연산 순서 그리고 곱셈의 의미와 또 다른 성질에 관한 익숙한 아이디어를 다시 살펴보아라.

생각해보기 1.15

$3+(4\times5)$로 모델링될 수 있는 문제 상황을 꾸며 보아라.
이 상황을 $(3+4)\times5$로 모델링되도록 변화시켜 보아라.
$3+(4\times5)$와 $(3+4)\times5$의 의미를 곱셈의 스칼라 연산의 관점에서 설명해 보아라.
$3+4\times5$를 계산할 때 연산 순서에 관한 규칙을 적용해 보아라.

올바른 순서로 연산을 수행하는 것은 대수에서 특히 중요하다. 이를테면 $7-5(2x-3)$과 같은 식을 간단히 하는 것은 흔한 일이다. 연산 순서를 잘 이해해야 이와 같은 식을 적절히 조작할 수 있다. 학생들이 연산 순서를 이해하고 능숙하게 다루기 위해서 초기에 덧셈, 뺄셈, 곱셈, 나눗셈, 괄호가 포함된 수식에 대한 풍부한 경험이 필요하다.

4) 알고리즘의 정당화를 위해 성질 사용하기

필수 이해 2d. 범자연수에서 연산의 성질은 필산이나 암산, 표준알고리즘이나 비표준알고리즘을 정당화한다.

지필 알고리즘, 암산 알고리즘, 표준알고리즘, 비표준알고리즘을 능숙하게 사용하면 곱셈과 나눗셈을 확실히 이해할 수 있게 된다. 이러한 알고리즘이 어떻게 수행되는지 이해해야 곱셈과 나눗셈에 대해 이해할 수 있다. 심지어 가장 간단한 계산에서도 어떤 성질이 그 계산의 정당성을 보여주는지 항상 분명한 것도 아니다. $30+40=70$에서 직접 30에서 40을 세어서 더하는 것 말고 이 식이 타당한 이유를 말할 수 있는가? 다음은 좀 더 통찰력 있는 이해를 보여준다. 자릿값에 대한 지식을 사용하여 30을 3×10으로 40을 4×10으로 고쳐 쓸 수 있다.

$$30+40=(3\times10)+(4\times10)=(3+4)\times10=7\times10=70$$

분배법칙에 주목해 보자. 10개씩 3묶음과 10개씩 4묶음은 10개씩 7묶음이 된다. 무엇보다 이러한 설명은 분배법칙을 암묵적으로 이용하는 것이다.

곱셈 알고리즘의 정당화

30과 40의 곱셈은 곱셈의 성질 이상의 것을 필요로 한다. 30과 40을 앞에서와 같이 고쳐 쓰는 것으로 시작해 보자.

$$30\times40=(3\times10)\times(4\times10)$$

결합법칙과 교환법칙을 이용하여 다음과 같이 고쳐 쓸 수 있다.

$$(3\times4)\times(10\times10)=12\times100$$

곱셈 구구 $3\times4=12$와 자릿값을 이용하여 이것을

$(10+2)\times 100$으로 고쳐 쓸 수 있다. 교환법칙과 분배법칙 그리고 자릿값에 대한 지식으로 $10\times 100+2\times 100$이라 표현하고 1200을 얻을 수 있다. 심지어 대부분의 자명한 계산에 대한 설명도 주로 덧셈과 곱셈의 성질에 토대를 두고 있다. 곱셈 계산을 수행할 때, 이러한 성질을 분명하게 인식하고 있는 것은 중요하다. 성질에 대한 이러한 지식은 알고리즘에 대한 깊은 이해를 발달시킬 때 도움이 된다.

앞에서 27과 5의 곱셈을 자릿값과 덧셈에 대한 곱셈의 분배법칙이라는 용어로 살펴보았다([그림 1.14]와 그것에 대한 논의 참조). 그러면 유사한 예로 23×4를 보다 상세하게 살펴보자. 이러한 곱셈은 가로와 세로가 각각 23과 4이고 [그림 1.16]처럼 부분으로 분할된 직사각형으로 표현할 수 있다. 밝은 부분의 넓이는 80이고, 진하게 색칠된 부분의 넓이는 12이다. 그래서 23과 4의 곱은 두 색칠된 넓이의 합, 즉 92가 된다.

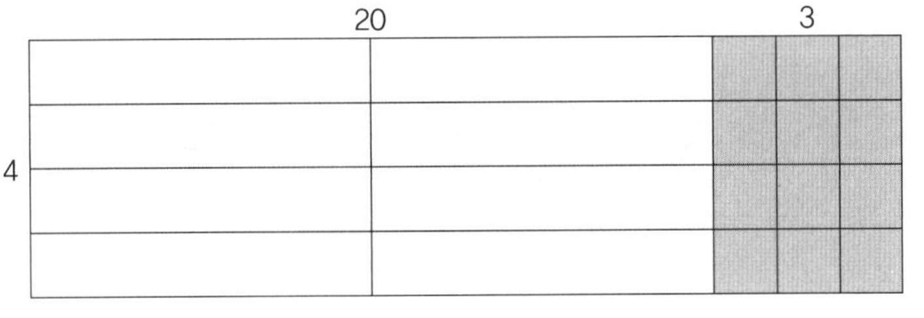

[그림 1.16] 23×4에 대한 넓이 모델

이는 분배법칙을 사용하여 계산할 수 있다. 각 단계에 대한 설명으로 상세히 살펴보자.

23×4	$=(20+3)\times 4$	← 자릿값과 관련된 사실
	$=(20\times 4)+(3\times 4)$	← 분배법칙
	$=80+12$	← 곱셈과 자릿값
	$=80+(10+2)$	← 자릿값과 관련된 사실
	$=(80+10)+2$	← 덧셈에 대한 결합법칙
	$=90+2$	← 덧셈과 자릿값
	$=92$	← 자릿값

[생각해 보기 1.16]에서 다른 곱에 대해서 비슷한 방법으로 설명해 보자.

위의 23×4의 계산에서 세 번째 줄에 있는 80과 12는 각각 20과 4 그리고 3과 4를 곱한 결과라는 점에 주목하자. 또한 첫 번째 줄의 $(20+3) \times 4$과 곱셈에 대한 넓이 모델 사이의 관련성에도 주목하자.

생각해보기 1.16

38과 7을 곱하는 각 단계를 자릿값 개념뿐만 아니라 곱셈과 덧셈의 성질을 이용하여 정당화하여라.

이것은 두 개의 다른 알고리즘으로 결합된다. 그 중 하나는 [그림 1.17a]와 같은 암산 과정이다. 23을 $20+3$으로 생각하고 그 다음 각 항에 4를 곱한 것이다. 그 다음에 두 곱을 더한다. 다른 하나는 [그림 1.17b]와 같이 표준알고리즘과 유사한 과정이다.

```
   2 3                 2 3
 ×   4               ×   4
 ------              ------
   8 0  20 × 4         1 2   3 × 4
   1 2   3 × 4         8 0  20 × 4
 ------              ------
   9 2                 9 2
    (a)                 (b)
```

[그림 1.17] 두 가지 곱셈 알고리즘

두 수 80과 12는 **부분 곱**으로 불리고 그림에서 제시된 각각의 과정은 **부분 곱 알고리즘**이라고 불린다. 넓이 모델에서 어떻게 어디서 부분 곱이 나타나는지에 주목해야 한다. 이때 자릿값 개념과 연산의 성질, 특히 분배법칙에 대한 지식이 23과 4의 곱을 구할 때 핵심적인 역할을 하는 것을 볼 수 있다.

이제 보다 표준적인 알고리즘을 사용할 때, 23×4를 어떻게 쓰는지 살펴보자. 형식은 [생각해 보기 1.17]에서 보여주는 것과 같다.

생각해보기 1.17

23과 4의 곱에 대한 보다 표준적인 알고리즘 형태를 살펴보자.

$$\begin{array}{r} {\scriptstyle 1}\ \ \\ 2\,3 \\ \times\ \ \ 4 \\ \hline 9\,2 \end{array}$$

왜 답란에 2가 쓰여 있는가? 그것이 의미하는 바는 무엇인가?

받아 올린 1이 의미하는 바는 무엇인가? 왜 그것이 2위에 쓰여 있는가? "받아 올린다."라는 용어 대신에 어떤 용어를 사용하면 보다 유의미한 이해를 도울 수 있겠는가?

9는 왜 그 자리에 쓰여 있는가? 그것은 무엇을 나타내는가?

앞의 질문에 대한 답변이 어떻게 전통적인 표준알고리즘을 정당화할 수 있겠는가? 어떻게 그것들이 전통적인 알고리즘을 확실히 이해하는 데 기여하겠는가?

보다 복잡한 문제인 24와 35를 곱하는 경우를 생각하자. [그림 1.18]과 같이 가로와 세로가 24와 35인 직사각형으로 곱셈을 나타내었다. 먼저 길이가 24인 변을 분할하여 길이가 10인 변 2개와 길이가 1인 변 4개로 분할할 수 있다. 그 다음에 길이가 35인 변을 35개의 동일한 선분으로 분할하여 35개의 작은 직사각형을 만들면 각각은 그림에서 보듯이 24×1이 된다. 이러한 작은 직사각형을 10개의 직사각형 3묶음과 5개의 직사각형 1개로 묶을 수 있다. 10의 배수로 분할하는 것이 반드시 필요한 것은 아니지만 다른 곱셈 알고리즘과 연결을 가능하게 해준다. 자릿값 개념의 이해는 이러한 아이디어 및 연결성을 이해하는 데 중요하다.

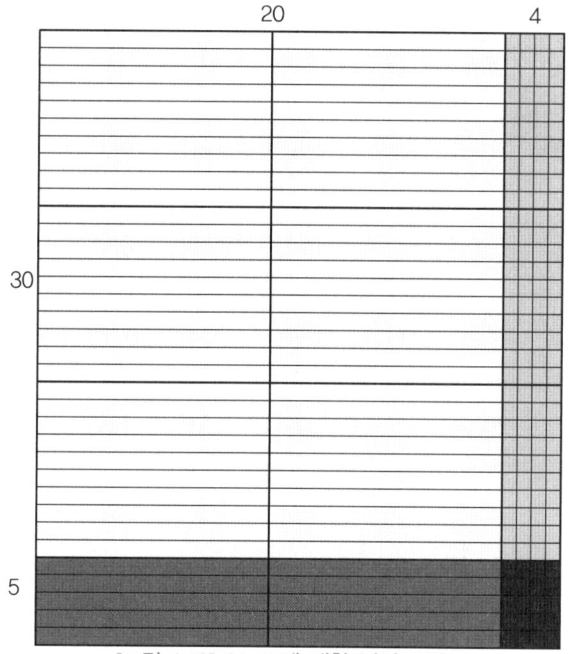

[그림 1.18] 24×35에 대한 넓이 모델

넓이 모델은 그림에서 서로 다르게 색칠된 네 직사각형의 넓이가 20, 100, 120, 600이 되고 전체 넓이가 840이 되어 840은 24와 35의 곱이 됨을 보여준다.

곱의 계산은 다음과 같이 연산의 성질에 의해 정당화된다.

$24\times35 = 24\times(30+5)$	자릿값
$= (24\times30)+(24\times5)$	분배법칙
$= \{(20+4)\times30\}+\{(20+4)\times5\}$	자릿값
$= (20\times30)+(4\times30)+(20\times5)+(4\times5)$	분배법칙
$= 600+120+100+20$	곱셈과 자릿값
$= 840$	???

마지막 줄에 대한 정당화는 이전에 했던 추론을 포함한다. 정당화할 수 있겠는가? 또한 20, 100, 120, 600의 수들이 각 단계에서 어떻게 나왔는지에 주목해 보자. 24가 20+4이고, 35는 30+5라는 자릿값과 분배법칙의 적용에 따라 이러한 계산이 가능하다.

이것은 24×35의 경우 다음과 같은 형태의 또 다른 부분곱 알고리즘을 만든다.

$$\begin{array}{r} 24 \\ \times\ 35 \\ \hline 20 \\ 100 \\ 120 \\ 600 \\ \hline 840 \end{array}$$

이 알고리즘에서 20, 100, 120, 600은 어디에서 비롯되었는가? 이러한 계산은 대수의 이항 곱셈에서 매우 중요한 절차이다.

$$(a+b)\times(c+d)=a\times c+a\times d+b\times c+b\times d$$

학생들은 이것을 분배법칙을 반복 사용한 것으로 인식해야 한다. [생각해 보기 1.18]을 통해 보다 전통적인 알고리즘을 검토해 보아라.

생각해보기 1.18

24×35에 대한 전통적인 알고리즘을 점검해 보아라.

$$\begin{array}{r} {\scriptstyle 1\ 2} \\ 24 \\ \times\ 35 \\ \hline 120 \\ 72 \\ \hline 840 \end{array}$$

1. "받아 올린" 2가 의미하는 바는 무엇인가? 왜 그 자리에 썼는가? 받아 올림이라는 용어 대신에 어떤 용어가 유의미한 이해를 도울 수 있겠는가?
2. 120이 왜 첫 번째 가로로 그은 선 아래에 쓰였는가? 그것은 무엇을 나타내는가?
3. 왜 1을 받아 올렸는가? 그것이 나타내는 것은 무엇인가? 왜 그것이 그 자리에 쓰였는가? "받아 올림"이라는

용어 대신 다른 어떤 용어가 좋겠는가?
4. 72가 나타내는 바는 무엇인가? 왜 그렇게 생각하는가?
5. 이러한 수들이 넓이 모델에서 나타난 수들과 어떻게 관련이 되며, 이전의 부분 곱 알고리즘과 어떻게 관련이 되는가?

이러한 아이디어는 여러 자릿수와 어떤 자릿수와의 곱에 대한 계산을 발달시키거나 확장하는 데 사용된다. 앞선 예들이 여러 자릿수들의 곱셈에 대한 알고리즘을 발달시키는 하나의 틀을 제공해 준다. 여러 자릿수들의 곱을 탐색하기 위해서 부분 곱 알고리즘과 보다 전통적인 알고리즘을 사용하여 246과 357의 곱을 구하고 두 알고리즘 사이의 연결성을 살펴보아라.

나눗셈 알고리즘의 정당화

나눗셈 알고리즘은 종종 학생들이 사용하거나 이해하기에 어렵다. 그런 학생들에게 교사가 나눗셈 알고리즘을 단축된 형태로 제시하면 학생들의 이해도를 높이는 데에는 아무런 도움이 되지 않는다. 학생들은 나눗셈 알고리즘을 수행할 때 미숙함을 보이고 많은 오류를 범한다.

일상적인 맥락은 다양한 나눗셈 상황을 제공한다. [예제 16]에 제시된 문제를 살펴보자.

‖ 예제 16 ‖

제이슨과 친구 12명은 다운로드 받아 공유할 수 있는 음악에 대한 온라인 판매 광고를 보았다. 구입 조건을 읽어보았고, 13명이 4230곡을 일 년간 구입하고 선불로 지급해야 함을 알게 되었다. 만약 각자가 동일한 수로 음악을 구입한다고 할 때 각자 얼마나 많은 곡을 구입해야 하는지 알고는 그것이 그렇게 좋은 거래는 아니라고 생각하였다. 이 경우에, 이들 각자는 몇 곡을 사야만 하는가?

이러한 유형의 상황은 등분제의 의미를 내포하고 있다(할아버지 동전 문제와 관련된 [예제 5] 참조).

이 문제를 [그림 1.19]에 제시된 방식처럼 나눗셈 알고리즘을 사용하여 4230을 13으로 나누어 해결할 수 있다. 알고리즘에 나타난 수들의 의미를 설명하기 위해서는 나눗셈에 대한 확실한 이해가 필요하다. [생각해 보기 1.19]에서 알고리즘 각 단계를 점검하고 나타난 각 수의 의미를 살펴보자.

```
      3              32             325
13 )4230       13 )4230       13 )4230
    39             39             39
    --             --             --
     3              33             33
                    26             26
                    --             --
                     7              70
                                    65
                                    --
                                     5
```

[그림 1.19] 4230을 13으로 나누는 나눗셈 알고리즘

생각해보기 1.19

[그림 1.19]의 4230 ÷ 13 나눗셈 알고리즘의 형식을 검토하면서 [예제 16]의 맥락을 살펴보자.

1. 몫에 있는 3은 무엇을 나타내는가? 왜 그것이 필요한가?
2. 39는 무엇을 나타내는가?
3. 왜 뺄셈을 하는가?
4. 뺄셈을 한 후 3이 나타내는 바는 무엇인가?
5. 33은 무엇을 나타내는가? 왜 그것이 필요한가?
6. "42에는 13이 몇 번 들어가는가?"와 같은 질문을 하는 사람들에게 이 알고리즘을 설명할 때 이 질문이 의미하는 바는 무엇인가? 수학적으로 이를 형식화하는 보다 나은 방법은 없는가?
7. 제수, 피제수, 몫, 나머지를 연결할 수 있는 등식을 써보아라.

[예제 17]은 일상에서 볼 수 있는 나눗셈 상황으로서 나눗셈 문제를 해결하기 위해 사용하는 다른 전략을 검토하기 위한 것이다.

‖ 예제 17 ‖

다시 제이슨과 친구 12명은 좋은 조건의 온라인 구매를 찾아보고 있다. 이번에는 생산업자가 놀랄만한 기능을 갖추었다고 주장하는 최신 핸드폰 광고를 보았다. 제이슨의 주도하에 휴대폰 13대를 주문하였다. 휴대폰이 도착하였을 때 휴대폰이 광고대로 작동하지 않아서 제이슨은 반품을 하였다. 그리고 4225달러를 돌려받았다. 이 금액을 친구들에게 나누어 주기 위해 은행에서 현금으로 교환하였다. 제이슨과 친구 12명은 각각 얼마의 환불 금액을 갖게 되는가? 남는 돈이 있는가?

이 상황은 등분제를 내포하고 있고, 답은 4225를 13으로 나누어야 얻을 수 있으며 몫과 나머지를 구하는 상황이다. 뒤이어 나오는 논의는 환불 금액을 분배하는 다양한 전략을 서술하고 관련된 형식적 표현을 보여준다. 이러한 전략과 위에서 살펴본 전통적인 나눗셈 알고리즘 사이의 관련성을 살펴보고 설명해 보아라.

제이슨이 자신과 친구들에게 환불 금액을 나누어 주기 위해 4225달러를 현금으로 바꾸러 은행에 갔을 때 어떤 지폐를 얼마만큼 가지고 있어야 하는가? 제이슨이 선택할 수 있는 것은 1달러 지폐 4225장에서부터 천 달러 지폐 4장, 백 달러 지폐 2장, 십 달러 지폐 2장, 5달러 지폐 1장까지이다. 어떤 금액의 지폐가 몇 장 있어야 하는지는 제이슨이 돈을 분배할 때 사용하는 전략에 따라 달라진다.

한 가지 전략으로 제이슨이 십 달러 지폐 422장과 5달러 지폐 1장을 준비한다면 십 달러 지폐를 친구 12명에게 나누어 주고 십 달러 지폐 1장은 자신이 갖는다. 자신과 친구들에게

10달러씩 돌려주는 첫 단계 후에 제이슨에게는 십 달러 지폐 409장과 5달러 지폐 1장이 남게 된다. 그러면 남아있는 돈을 다음과 같이 식으로 나타낼 수 있다.

$$4225-13(10)=(422(10)+5)-13(10)=409(10)+5$$

두 번째 단계에서 제이슨은 1단계를 반복하여 십 달러 지폐 396장과 5달러 지폐 1장이 남게 되고, 제이슨과 친구들은 2단계까지 20달러를 돌려받았다. 따라서 남아있는 지폐의 수를 다음과 같이 나타낼 수 있다.

$$\begin{aligned}4225-13(10)-13(10)&=(422(10)+5)-13(10)-13(10)\\&=409(10)+5-13(10)\\&=396(10)+5\end{aligned}$$

비록 제이슨은 이러한 분배 전략을 반복하여 답을 구할 수 있지만, 이 전략은 비효율적이다. 이 상황을 모델링하기 위해 수모형을 사용하면 이것의 비효율성을 손쉽게 보여줄 수 있다.

제이슨이 사용할만한 두 번째 전략은 백 달러 지폐 42장과 십 달러 지폐 2장, 5달러 지폐 1장을 갖고서 백 달러 지폐 1장씩을 자신과 친구들에게 주는 것이다. 여기서 자신과 친구들에게 백 달러 지폐를 나누어준 첫 단계에서 백 달러 지폐 29장과 십 달러 지폐 2장과 5달러 지폐 1장이 남는다. 남아 있는 지폐의 수를 다음과 같이 나타낼 수 있다.

$$\begin{aligned}4225-13(100)&=(42(100)+2(10)+5)-13(100)\\&=29(100)+2(10)+5\end{aligned}$$

두 번째 단계에서 다시 이 과정을 반복하면 제이슨과 친구들은 200달러를 갖게 되고, 백 달러 지폐 16장, 십 달러 지폐 2장, 5달러 지폐 1장이 남는다. 세 번째 단계에서 동일한 과정을 반복하면 백 달러 지폐 3장, 십 달러 지폐 2장, 5달러 지폐 1장이 남게 된다. 이 시점에서 제이슨은 더 이상 백 달러 지폐를 계속하여 나누어 줄 수 없다. 더 이상 13명에게 나누어줄 충분한 백 달러 지폐가 없기 때문이다. 이제 제이슨은 은행에 가서 남아있는 백 달러 지폐 3장을 십 달러 지폐 30장으로 교환하여 이제 십 달러 지폐 32장을 갖게 된다. 이제 한 번에 십 달러 지폐를 2장씩 나누어 줄 수 있고, 주고 나면 십 달러 지폐 6장이 남는다. 이 시점에 제이슨은 다시 은행에 가서 십 달러 지폐 6장을 5달러 지폐 12장으로 교환하여 5달러 지폐 13장을 갖게 된다. 그러면 각각은 5달러 지폐 1장씩 갖게 된다. 결과적으로 제이슨과 각 친구들은 백 달러 지폐 3장, 십 달러 지폐 2장, 5달러 지폐 1장, 즉 총 325달러를 갖게 된다. [생각해 보기 1.20]에서 이러한 전략을 다른 방식으로 나타낼 수 있는지 살펴보아라.

생각해보기 1.20

제이슨의 두 번째 전략에 대하여 생각해 보고 그것이 어떻게 모델링 될 수 있는지 생각해 보아라.

1. 이 전략을 모델링하기 위해 수모형을 어떻게 사용할지 제이슨이 특정 지폐가 떨어졌을 때에 주목하여 설명해 보아라.
2. 이 전략을 기호로 표현해 보아라.
3. 이 전략과 [예제 16]에서 제시된 나눗셈 알고리즘 사이의 관련성을 서술하여라.

[그림 1.20 a]는 제이슨의 두 번째 전략을 기호로 표현한 것이다. 제이슨은 한 번에 백 달러 1장씩, 십 달러 1장씩 나누어 줄 필요가 없음을 인식해야 한다. 대신에 이러한 지폐의 배수만큼 나누어 줄 수 있다. 이 전략에 대한 기호 표현은 [그림 1.20 b]와 같다. 이 두 기호 표현 사이의 관련성을 살펴보아라.

```
          5
         10
         10
        100
        100
        100
13 ) 4225
       1300
       2925
       1300
       1625
       1300
        325
        130
        195
        130
         65
         65
          0
```

(a)

```
          5
         20
        300
13 ) 4225
       3900
        325
        260
         65
         65
          0
```

(b)

[그림 1.20] 제이슨의 두 번째 전략에 대한 초기 표현(a)과 보다 효율적인 표현(b)

앞에 나온 예제들은 **등분제** 나눗셈 상황으로 분배의 의미를 갖고 있다. [예제 18]은 다른 종류의 상황이다.

‖ 예제 18 ‖

제이슨과 학급 친구들은 추수감사절에 가능한 한 많은 가정에 음식 바구니를 나누어 주길 원한다. 열심히 일을 해서 식료품 4230개를 구입했고, 각 바구니에 13개 품목씩 담기로 하였다. 얼마나 많은 가정에 음식 바구니를 배달할 수 있는가?

이 예제는 **포함제** 나눗셈 상황이다(할머니가 손자들에게 각각 구슬 7개를 나누어 주는 [예제 4] 참조). 4230을 13으로 나누어 답을 구할 수 있고, [예제 16]의 등분제 상황에서 사용된 것과 유사한 나눗셈 알고리즘 형태가 사용된다. 나눗셈에 대한 이해는 알고리즘에 나타나는 수와 연산을 설명할 수 있게 해준다. [생각해 보기 1.21]에서 [예제 18]의 포함제 상황에 대한 설명을 탐색해 보아라.

생각해보기 1.21

[예제 18]에서 제이슨과 반 친구들은 식료품 4230개를 가지고 있고, 13개씩 담은 바구니를 만들려고 계획하고 있다. 이 포함제 상황의 나눗셈은 [예제 16]의 등분제 상황에서 사용한 다음과 같은 알고리즘 형식을 따른다.

$$
\begin{array}{r}
325 \\
13\overline{)\,4230} \\
\underline{39} \\
33 \\
\underline{26} \\
70 \\
\underline{65} \\
5
\end{array}
$$

1. 몫에 있는 3은 무엇을 나타내는가?
2. 39가 나타내는 것은 무엇인가?
3. 뺄셈을 한 후 3이 나타내는 것은 무엇인가?
4. 33이 나타내는 것은 무엇인가?
5. 이 알고리즘 나머지 부분에 대해서 앞선 질문과 유사한 질문을 하고 답하여라.
6. 남게 되는 음식이 있는가?

결론

본 장에서 3~5학년 교사들이 곱셈과 나눗셈에 관해 깊이 이해할 수 있는 틀을 제시하였다. 곱셈을 스칼라 연산으로 서술하면서 곱셈이 적절한 연산으로 선택되는 여러 가지 표현과 문제 상황을 다루었다. 곱셈으로 추론하는 여러 방식과 이들 사이의 관련성을 인식하는 것은 똑같이 중요하다.

또한 계산 절차, 표준 또는 비표준, 지필 또는 암산 알고리즘의 기초를 의미 있게 파악하게 해주는 곱셈과 나눗셈의 성질을 살펴보았다. 이런 과정에 대해 깊이 이해하면, 학생들의 사고와 학습에 관해 보다 더 잘 이해할 수 있게 된다. 이에 대해서는 2장에서 다룬다. 곱셈에 대해 깊이 이해하면 학생들에게 다음과 같이 안내하게 된다.

계산을 정확하게 수행하여라.
계산 절차를 이해하고 설명하여라.

이러한 능력은 학생들이 계산 절차를 일반화하고 유연하고 유창하게 사용할 수 있고 또한 계산 절차가 곱셈과 나눗셈을 이해하는 데 가치 있는 것으로 여기게 해준다.

제2장

선수학습과 후속학습의 연계성

곱셈과 나눗셈은 매우 유용한 아이디어이다. 3~5학년에서의 계산과 문제 해결에서 곱셈과 나눗셈을 사용하는 것은 교육과정과 학생들의 지식에 중요한 부분을 차지한다. 본 장에서는 1장에서 제시한 필수 이해들과 또 다른 수학적 주제들 사이의 연관성을 살펴보고, 주요 학년[9](3~5학년)에서 이러한 아이디어가 기여한 측면과 후속 학년[10](6~8학년)에 적용될 측면에 대해 알아볼 것이다.

곱셈 연산에 대한 이해는 자릿값, 덧셈 그리고 뛰어 세기에 대한 아이디어들로 이루어져 있다. 이것은 분수와 퍼센트에 대한 이해를 발전시키도록 도와주며, 비율과 닮음에 대한 후속 학습에 기초를 제공한다. 이러한 연산을 정의하기 위해서 범자연수의 곱셈과 나눗셈 알고리즘을 이해하고 그 성질들을 사용하는 것은 유리수의 계산과 대수적 조작을 익숙하게 하는 데에 기초를 제공한다.

01 기본 연산으로서의 곱셈

본 장의 각각의 수학적 주제들은 1장에서 제시한 핵심 아이디어 및 필수 이해와 관련이 있다. 곱셈의 스칼라 정의(필수 이해 1a)와 곱셈의 성질들은 학생들이 학교를 다니는 중에 직면하게 되는 또 다른 수학적 주제에서 명확해진다. 기본 연산인 곱셈을 스칼라 연산으로 생각하는 것은 자릿값, 덧셈, 뛰어

필수 이해 1a

곱셈식 A×B에서 B는 배율(scaling factor)이다. 즉, A×B는 A를 B배 한 것이다.

9) [역자 주] primary grade(주요 학년) : 곱셈과 나눗셈을 처음 배우는 기본 학년의 의미이므로 주요 학년으로 번역하고 3~5학년을 부연 설명하였다.

10) [역자 주] subsequent grade(후속 학년) : 곱셈과 나눗셈을 처음 배우는 기본 학년 다음의 학년을 의미하므로 후속 학년으로 번역하고 6~8학년을 부연 설명하였다.

세기로부터 퍼센트, 비율, 닮음까지 여러 개념, 절차, 문제들을 관련시킨다.

1) 자릿값과 덧셈

십진 기수법 체계는 수를 이해하고 범자연수의 필산이나 암산 알고리즘을 이해하는 데에 기본이 된다. 이것은 주요 학년(3~5학년)에서 핵심이 되는 주제이다. 이때 학생들은 23은 십이 2개, 일이 3개라는 것을 배우고, 나중에 $2\times10+3\times1$과 같이 전개하여 나타내게 된다. 이 식에서 2는 십이 몇 개 있는지를 말해주는 척도계수(scaling factor)[11]이고, 3은 일이 몇 개 있는지를 말해주는 척도계수이다. 학생들이 23과 35를 더하는 것을 배울 때, 각각의 자릿값을 분리해서 더한다. 자릿값에 곱셈의 연결은 덧셈에 대한 교환법칙 및 결합법칙과 함께 분배법칙을 사용하여 다음과 같은 덧셈 알고리즘으로 통합된다.

$$\begin{aligned} 23+35 &= (2\times10+3)+(3\times10+5) && \text{자릿값} \\ &= (2\times10+3\times10)+(3+5) && \text{덧셈의 성질} \\ &= 5\times10+8 && \text{분배법칙} \\ &= 58 && \text{자릿값} \end{aligned}$$

덧셈과 곱셈에 대한 자릿값과 연산의 상호작용을 이해하는 것은 범자연수의 연산을 확실하게 이해하기 위해 중요하며, 인수들을 분해하고 부분 곱을 결합하는 데에 결정적인 역할을 한다.

2) 나눗셈과 뺄셈

뺄셈이 덧셈과의 관계로 정의되는 것과 매우 유사한 방법으로 나눗셈은 곱셈과의 관계로 정의된다. 실제로 뺄셈과 나눗셈의

11) [역자 주] 필수 이해 1a에서는 원서의 곱셈식을 우리나라에서 사용하는 순서로 변형하며 'scaling factor'를 '배율'로 번역하였으나, 'scaling factor'는 원래 '척도계수'로 자릿값 개념을 설명할 때는 '10'이라는 척도가 몇 개 있는지를 나타내므로 여기서는 '척도계수'로 번역하였다.

기호적 설명은 꽤 유사하다. $a-b=a+(-b)$ 여기서 $-b$는 b의 덧셈에 대한 역원을 나타내는 기호이다. $a \div b = a \times (1/b)$ (단, $b \neq 0$) 여기서 $1/b$은 b의 곱셈에 대한 역원을 나타낸다. 물론 b는 0일 수는 없다. 왜냐하면 그런 경우에는 0으로 나누어지게 되며 그것은 정의되지 않기 때문이다.

뺄셈과 나눗셈에 대해 대체할 수 있는 대등한 설명은 각각 $a-b$는 $a=b+y$일 때 수 y로, $a \div b$는 $b \neq 0$일 때 $a=b \times y$를 만족하는 수 y로 정의하는 것이다. 기호의 유사성은 덧셈과 곱셈으로 뺄셈과 나눗셈을 각각 정의하는 유사성을 나타낸다.

3) 뛰어 세기

뛰어 세기는 많은 초등 교사들이 학생들에게 사용하는 의미 있는 활동이며, 종종 덧셈이라는 연산을 사용하는 예로 제시된다. 그런데 그것은 또한 사실 곱셈이기도 하다. 더욱이 다른 많은 중요한 수학적 아이디어들은 뛰어 세기에 관련되어 있다.

6씩 뛰어 세기를 생각해 보자. 6, 12, 18, 24, …. 이 수들은 수열을 이루며 각각의 자연수는 그 수열의 항에 대응한다. 첫 번째 항은 1×6, 두 번째 항은 2×6, 세 번째 항은 3×6, …이다. 수열에서 6이 곱해진 항의 위치는 [그림 2.1]에서와 같은 수열의 항이다.

수열에서의 위치	1	2	3	4	5	6	7
수열에서의 항	6	12	18	24	30	36	42

[그림 2.1] 6에서 시작해서, 6씩 뛰어 세기로 만들어진 수열

이 수열에서 열다섯 번째 항은 무엇인가? 이 수열에서 그 항의 수가 6에서의 스칼라 연산처럼 작용하는 것을 볼 때, 곱셈을 스칼라 연산으로 이해하는 것은 이 질문에 대한 답을 하는 데 도움을 줄 것이다.(필수 이해 1d)

필수 이해 1d

스칼라 연산의 의미로 곱셈을 정의하면 범자연수의 곱셈과 나눗셈을 넘어서는 문제를 표현하거나 해결할 때 유용하다.

뛰어 세기로 만들어진 수열에서 이러한 방법으로 학습하는 것은 또한 대수적 추론에 대한 기회를 제공한다. 어떤 자연수

n에 대해서, 그 수열에서 n번째 항을 나타내는 데 대수적 표현을 사용할 수 있는가? 그 수열에서 모든 항은 6을 인수로 갖거나, 같은 의미로 6으로 나누어진다. 역으로, 6의 배수인 모든 자연수는 그 수열에 속해 있다. 만일 t가 그 수열에 속한 수라면, t의 위치 번호는 무엇인가?

이러한 형태의 수열은 **등차**라고 불린다. 왜냐하면 어떤 연속되는 두 항 사이의 차가 상수—이 경우에 6—이기 때문이다. 뛰어 세기는 또한 **입력** 값과 이에 유일하게 대응되는 **산출** 값을 가진 **함수**로 설명된다. 입력 값이 자연수이고 산출 값은 입력 값의 배수이며 이 경우에는 6의 배수이다. 이 함수를 대수적으로 $f(x)=6x$로 나타낼 수 있다. 이 함수의 그래프는 [그림 2.2]에 제시되어 있다. Cooney, Beckmann과 Lloyd(2010)는 수열과 함수 사이의 관계에 대해 설명하고 있다.

「함수의 필수 이해 : 9학년~12학년까지」(Cooney, Beckmann과 Lloyd, 2010)에서는 수열과 함수 사이의 연관성에 관해 논의하고 있다.

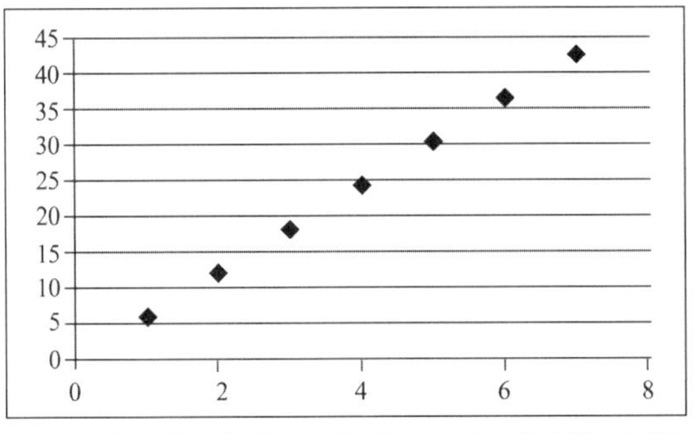

[그림 2.2] 6에서 시작해서 6씩 뛰어 세기로 만든 함수를 나타낸 그래프

[그림 2.1]의 표와 [그림 2.2]의 뛰어 세기 함수의 그래프 둘 다 위치 수의 변화와 이에 대응하는 항의 값들 사이의 관계를 보여준다. 이러한 관계에 대한 검토는 두 가지 매우 중요한 아이디어를 강조한다.

첫 번째는 몇몇 뛰어 세기의 예에서 볼 수 있는 비례관계에 대한 아이디어이다. 수열 6, 12, 18, 24, …에 대해서 어떤 위치 수가 2배가 된다면, 수열에서 그 항의 값도 역시 2배가 된다. 일반적으로 이 수열에 대해서, 어떤 위치 수에 자연수 p를 곱하는 것은 또한 수열에서 그 항의 값에 p를 곱하는 것이다.

예를 들어, 두 번째 위치 수 2에 3을 곱하는 것은 6이라는 결과 또는 여섯 번째 위치 수라는 것이다. 두 번째 위치 수에 대응하는 수열의 항은 12이고, 여기에 3을 곱하면 36이 되는데 이것은 여섯 번째 위치 수에 대응하는 수열의 항이다. 이러한 관계의 이해에는 비례 추론이 사용된다. Lobato와 Ellis(2010)는 함수와 교과서에 어떻게 비례 추론이 관련되는지에 대해 추가적인 논의를 하였다.

위의 표와 그래프를 검토했을 때 나타나는 두 번째 아이디어는 변화율의 가법적 해석에 대한 것이다. 그 수열의 위치 수가 1 증가하면 수열에서 그 항의 값은 6이 증가하며, 위치 수가 2 증가하면 그 항의 값은 12가 증가한다. 위치 수에서 가법적 변화는 수열의 항의 값에서 이에 대응하는 가법적 변화를 가져온다. 대수적 관점에서 보면, 이것은 변화율인 기울기에 대한 개념의 예이다.

「비, 비례 그리고 비례추론의 필수 이해 : 6학년~8학년까지」(Lobato와 Ellis, 2010)에서는 수학과 일상생활에서의 비례에 관해 논의하고 있다.

4에서 6씩 뛰어 세기를 시작한다면, [그림 2.3]의 표와 같은 수열 4, 10, 16, 22, …가 된다. 즉, 어떤 두 개의 연속된 항 사이에는 6이라는 일정한 차를 가진 등차수열이 된다. 이 수열은 함수인가? 왜 그런가? 그것을 대수적으로는 어떻게 나타낼 수 있는가? 그 그래프는 무엇처럼 보이는가?

수열에서의 위치	1	2	3	4	5	6	7
수열에서의 항	4	10	16	22	28	34	40

[그림 2.3] 4에서 시작해서 6씩 뛰어 세기로 만들어진 수열

위 그림의 표를 살펴보면, 위치 수와 이 수열의 항을 연관짓기 위해 비례 추론을 사용할 수 없음을 알 수 있다. 예를 들어, 위치 수 3을 위치 수 6이 되도록 2배 하면, 수열에서 대응하는 항 16을 2배한 수는 새로운 위치 수(6)에 대응하는 항과 같지 않다. 그런데 표를 관찰해 보면 여전히 이 예를 기울기라는 개념을 설명하기 위한 뛰어 세기의 예로 사용할 수 있다. 이 수열은 일정한 변화율을 가지고 있다. 또한 뛰어 세기의 첫

번째 예에서 수열의 모든 항들이 6으로 나누어진다는 것과, 두 번째 예에서 그 항들을 6으로 나누면 항상 나머지 4가 남는다는 것을 관찰할 수 있다.

0에서 시작해서 6씩 뛰어 세기를 한다면, 수열 0, 6, 12, 18, 24, …를 얻게 된다. 0에서 시작하는 6씩 뛰어 세기와 6에서 시작하는 6씩 뛰어 세기에 대한 표와 그래프는 어떻게 비교 되는가? 그것들은 얼마나 유사한가? 그것들은 어떻게 다른가?

마지막으로 학생들에게 무한 수열에 대한 아이디어를 소개하기 위해서 뛰어 세기를 사용할 수 있다. 왜냐하면 그 수열의 각 항의 값들은 무한하게 계속될 수 있기 때문이다. 이 무한 수열의 예는 무한 집합과 그것의 진부분 집합 사이에 일대일 대응, 수 세기, 무한 집합에 대한 일반적인 정의를 확립한다.

4) 정제성[12)]과 소인수분해

호제법을 사용하지 않고 어떤 수가 다른 수로 나누어떨어지는지를 결정하는 방법 중 하나는 그 수에 대한 소인수분해를 하는 것이다. 이 전략에 대한 정당성은 곱셈에 대한 교환법칙과 결합법칙에 달려 있다(필수 이해 2a). **산술의 기본 정리는** −또한 **알고리즘의 유일한 인수분해 정리**로 알려진− 1을 제외한 모든 자연수를 정확하게 한 가지 방법으로, 소수들이 쓰여 지는 순서에 상관없이 한 개 또는 그 이상의 소수의 곱으로 나타낼 수 있다고 말한다. 결과물은 그 수의 소인수분해이다. 예를 들어, 2520의 소인수분해는 다음과 같다.

> **필수 이해 2a**
> 곱셈은 교환법칙과 결합법칙, 덧셈에 대한 분배법칙이 성립하며, 이는 범자연수 계산의 유연성을 보장하고, 계산 절차에 대한 정당성을 제공한다.

$$2 \times 2 \times 2 \times 3 \times 3 \times 5 \times 7$$

임의의 소수는 정확하게 서로 다른 두 개의 인수, 즉 그 수 자신과 1을 갖는다.

1장의 [예제 6]에서 수잔이 셔츠 3장과 치마 2장으로 서로

---

12) [역자 주] Divisibility(정제성, 整齊性) : 어떤 범자연수가 다른 범자연수로 나누질 수 있는 성질, 가분성(可分性)이라고도 한다.

다른 의상을 만드는 것과 같은 곱셈 상황을 모델링하기 위해 수형도를 사용하는 것을 간단히 알아보았다. 수형도는 또한 범 자연수의 소인수들을 찾는 데에도 유용할 수 있다. 예를 들어, [그림 2.4]는 2520을 소인수분해 하기 위한 전략에 사용된 수형도이다.

자연수의 소인수분해는 어떤 수가 그 수의 배수인지 약수인지를 결정하는 데에 사용될 수 있다. 예를 들어, $2\times3\times7$은 각각의 인수가 2520의 소인수분해에 들어 있기 때문에 2520의 약수임을 알 수 있다. 그런데 11이 2520의 인수가 아니기 때문에 $3\times5\times11$은 2520의 약수가 아니다. 2520에 2×2를 곱한 수는 2520의 배수이다.

$$2\times2\times\underbrace{2\times2\times2\times3\times3\times5\times7}_{2520}$$

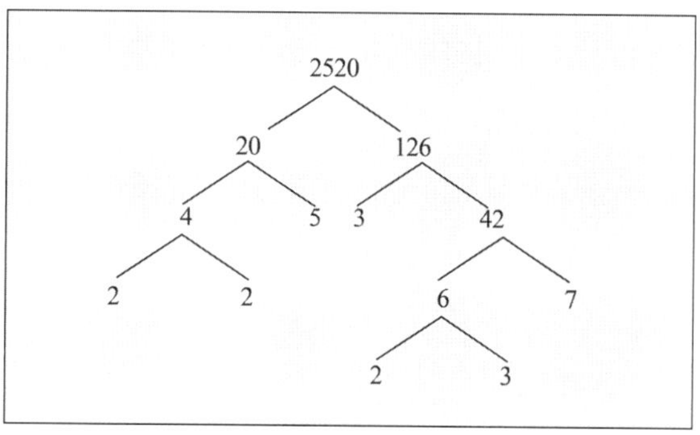

[그림 2.4] 2520의 소인수분해를 위한 수형도
$2\times2\times2\times3\times3\times5\times7$

여기서 소인수분해를 활용해서 두 자연수의 **최대공약수**와 **최소공배수**를 찾을 수 있다. 두 수 2520과 9900을 생각해 보자.

$$2520 = 2\times2\times2\times3\times3\times5\times7$$

$$9900 = 2\times2\times3\times3\times5\times5\times11$$

위에서 이 두 수의 공통 인수(common factor)[13]들은 최대공약수가 $2\times2\times3\times3\times5$임을 나타내고 있다. 이 두 수의 최소공배수 $2\times2\times2\times3\times3\times5\times5\times7\times11$은 공통 인수뿐만 아니라 다른 소인수들도 포함하고 있다. 소인수분해에 대한 주장을 뒷받침하기 위해서 범자연수의 곱셈에 대한 교환법칙과 결합법칙을 어떻게 사용할 수 있는지 주목하자.

자연수의 소인수분해는 실제 나눗셈을 하지 않고도 그 수를 다른 수로 나눌 수 있는지를 결정하는 데 도움을 줄 수 있다. 이것을 다른 방법으로도 할 수 있다. 예를 들어, 마지막 자릿수가 0인 수는 10으로 나누어진다. 이러한 주장을 뒷받침하기 위해서, ABC가 세 자릿수이고 마지막 자릿수인 C가 0이라고 하자. 전개하면, ABC를 $A\times10^2+B\times10^1+C\times10^0$으로 고쳐 쓸 수 있다. 그런데 $C=0$이므로, ABC를 $A\times10^2+B\times10^1$로 쓸 수 있다. 또한 분배법칙을 사용하면 $ABC=10\times(A\times10^1+B\times10^0)$으로 쓸 수 있다. 그리고 이것은 10이 ABC의 약수임을 의미한다.

그 외에 범자연수가 다른 수로 나누어지는 조건에 대해서 설명하는 규칙이나 검사방법이 있다. 가장 일반적인 것은 어떤 수가 2나 3 또는 5로 나누어지는 조건에 대한 것이다. 또한 4, 6, 8, 9로 나누어떨어지는지 검사하는 방법도 있다. 어떤 수로 나누어떨어지는지 조건을 찾을 수 있겠는가?

정제성을 살펴볼 수 있는 또 다른 방법은 나머지에 주목하는 것이다. 0에서 41까지의 범자연수를 [그림 2.5]에서처럼 표에 6열로 연속적으로 배열하자. 같은 열에 있는 두 수의 차가 6의 배수이고, 같은 열에 있는 수들을 6으로 나눌 때 나머지가 같다. 또한 각 열의 첫 번째 행의 수들은 6으로 나눈 나머지가 무엇인지를 알려준다.

13) [역자 주] 문맥에 어울리게 공약수로 번역하지 않고 공통 인수로 번역하였다.

0	1	2	3	4	5
6	7	8	9	10	11
12	13	14	15	16	17
18	19	20	21	22	23
24	25	26	27	28	29
30	31	32	33	34	35
36	37	38	39	40	41

[그림 2.5] 6으로 나누기를 사용하기 위한 범자연수를 보여주는 표

같은 열에 있는 두 수의 차가 왜 6의 배수인가? 같은 열에 있는 두 수는 왜 6으로 나눌 때 나머지가 같은가? 이것은 달력과 어떻게 비슷한가? 이러한 질문에 대한 대답을 뒷받침하는 데에 곱셈과 덧셈의 성질들이 얼마나 유용한가? 필수 이해 1f처럼, 이 표를 이해하는 데 몫과 나머지 그리고 나눗셈 알고리즘을 어떻게 사용할 수 있는가?

필수 이해 1f
적절한 용어의 사용과 나눗셈 알고리즘의 이해는 나눗셈 상황에서 몫과 나머지가 어떻게 사용되는지를 이해하기 위한 기초를 제공한다.

5) 퍼센트

어떤 수의 백분율을 구하는 것은 스칼라 연산의 개념을 이끌어낸다. 예를 들어, 900의 20퍼센트를 구해야 한다고 하자. 이때 사용할 수 있는 한 가지 전략은 수량적 표현인 900을 100개의 크기가 같은 조각으로 분할하고 그 중에서 20개를 선택하는 것이다. 이 전략을 사용할 때, **퍼센트**를 "100개 중에 몇 개"로 생각할 것이다. 그러나 수량적 표현인 900을 100 개의 크기가 같은 조각으로 분할하고 그 중에서 20개를 선택하는 이 전략을 수행할 때, 20퍼센트를 900에 작용하는 스칼라 $\frac{20}{100}$으로 해석할 수도 있다. 이 방법에서 $\frac{20}{100}$이라는 수를 900을 표현하는 수량에 작용하는 스칼라로 이해할 것이다. 이것을 스칼라 곱인 900×0.20으로 나타낼 수 있다. 더구나 어떤 수의 퍼센트를 구하는 것은 스칼라 곱의 예이기도 하다.

스칼라 연산자로서의 역할을 이해하는 것은 퍼센트에 대한 이해와 서로 복잡하게 얽혀 있다. 퍼센트를 공부할 때에는 스칼라와 스칼라가 적용되는 양을 명확하게 규명해야 한다(필수

> 필수 이해 1c
> 곱셈으로 표현될 수 있는 상황에는 '~배'를 나타내는 스칼라(Scala) 요소와 스칼라가 적용되는, 즉 '~배 할' 양을 나타내는 요소가 있다.

이해 1c 참조). 오류의 주요 원인은 적절한 스칼라와 그 양을 명확하게 규명하지 못하는 데에 있다.

백분율과 스칼라 연산자 사이의 연관성을 이해하는 것은 또한 학생들이 언제 퍼센트의 곱셈을 해야 할지를 결정하는 데 도움이 될 수 있다. 인구의 85%가 휴대폰을 가지고 있고 이 휴대폰을 가지고 있는 사람들 중에 30%가 2개 이상의 휴대폰을 가지고 있다면, 퍼센트로 표현된 0.85와 0.30의 곱이 2개 이상의 휴대폰을 가지고 있는 인구의 백분율이다:

$$0.85 \times 0.30 = 0.255 \text{ 또는 } 25.5\%$$

A가 전체 사람 수를 나타낸다면 $(A\times0.85)\times0.30$은 2개 이상의 휴대폰을 가지고 있는 사람의 수이다. 스칼라 연산의 해석은 이 계산에 의미를 부여하는 데에 있어 중요하며, 학생들이 0.30이 $A\times0.85$에 작용하는 스칼라임을 알 수 있게 해준다.

앞선 상황이 인구의 85%가 휴대폰을 가지고 있고 인구의 30%가 2개 이상의 휴대폰을 가지고 있다는 것과 어떻게 다른지 생각해 보자. 이 새로운 상황에서 A는 전체 사람의 수를 나타내고 $A\times0.85$는 휴대폰을 가지고 있는 사람의 수를 나타내며, $A\times0.30$은 2개 이상의 휴대폰을 가지고 있는 사람의 수를 나타낸다. 이 경우에 백분율 0.85와 0.30을 곱하는 것은 적합하지 않다. 왜냐하면 두 백분율의 기준값이 같기 때문이다. 즉, 두 백분율에 대해서 스칼라가 작용하고 있는 수량이 같다.

6) 비율 표

비율 표를 사용하는 것은 비례 추론 문제를 해결하는 데에 있어서 일반적인 전략이다. 예를 들어, 스파게티 소스에 대한 레시피에서 소스 24온스당 양파 3개를 얇게 자른 것이 필요하다고 하자. 만일 양파를 2개만 가지고 있다면 얼마만큼의 소스를 만들 수 있는가? 또는 소스 32온스를 만들려고 한다면 얼마만큼의 양파가 필요한가? [그림 2.6]의 표에서 각 쌍의 수들은 그 레시피에 나오는 두 가지 양 사이의 비율이나 곱셈 관계를 나타낸다.

양파의 수	3	6	12	30	42	2	?		
스파게티 소스의 온스의 수	24	48	96	240	336	?	32		

[그림 2.6] 스파게티 소스의 온스 수와 양파의 수에 대한 비율

종종 이러한 종류의 문제를 풀 때, 비율 표에서 또 다른 쌍의 수들을 찾아야 한다. 다음과 같은 문제가 그러하다. 양파 2개와 쌍을 이루는 소스의 온스 수는 얼마인가? 또는 소스 32온스와 쌍을 이루는 양파의 수는 얼마인가? 이 비율 표에서 그밖에 다른 쌍도 원래 쌍을 이루는 수들 사이의 곱셈 관계를 반영해야 한다. 이 비율 표에서 양파 수와 소스의 온스 수를 나타내는 각 쌍의 수들은 표에서 다른 쌍의 수들의 스칼라 곱의 결과로 생각될 수 있다. 표의 한 쌍에 어떤 스칼라 인수를 적용하는 것이 그 표에 속한 다른 쌍을 만드는 것임을 이해하는 것은 동치 비율을 만들고 비례 추론을 하는 데에 기초가 된다(Labato와 Ellis, 2010). [그림 2.6]의 표에서 물음표가 있는 칸을 채우기 위해 필요한 스칼라 연산을 결정해 보아라.

같은 비율을 만들고 비례추론을 사용하는 것에 대한 자세한 설명을 위해서는 다음 문헌을 참고하시오. 「비, 비례 그리고 비례추론의 필수 이해 : 6학년~8학년까지」(Lobato와 Ellis, 2010)

7) 닮음

스칼라 인수는 기하에서 닮은 모양을 이해하는 데에 중요한 역할을 한다. 닮음은 크기 변환과 원래 도형과 모양이 같은 변형으로 정의될 수 있다. 만일 두 개의 다각형 A와 B의 꼭짓점들 사이에 일대일 대응이 되어 대응하는 꼭짓점의 내각의 크기가 같고 대응하는 꼭짓점끼리 연결한 선분들의 길이가 같은 스칼라 인수로 비례한다면, 두 개의 다각형 A와 B는 닮은 것이다.

[그림 2.7a]와 같이 꼭짓점 A_1, A_2, A_3, A_4를 가지고 있는 사각형에 닮은 다각형을 살펴보자. [그림 2.7b]에서 사각형의 꼭짓점은 B_1, B_2, B_3, B_4이고, A_1, A_2, A_3, A_4에서의 각은 B_1, B_2, B_3, B_4에서의 각과 각각 크기가 같고, A_1과 A_2 사이의 변의 길이와 B_1과 B_2 사이의 변의 길이처럼 각각 대응하는 변의

길이는 똑같은 스칼라 인수 2에 의해 비례한다.

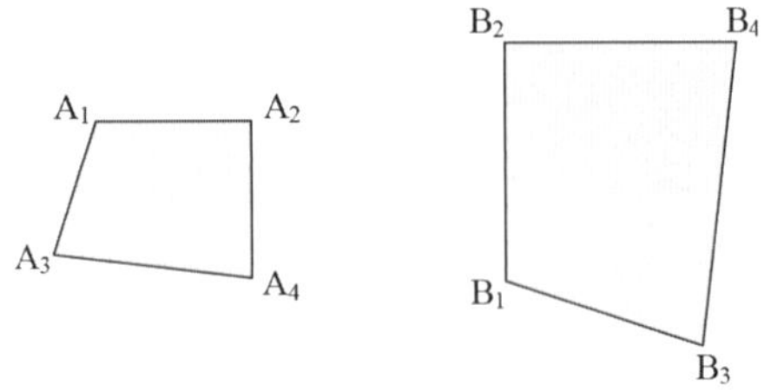

(a) (b)

[그림 2.7] 스칼라 인수 2를 가지고 있는 닮은 다각형들

닮은 다각형은 기하 학습에서 매우 유용하다. 닮은 도형에는 많은 성질들이 있는데 대부분 닮은 도형의 변의 길이 사이의 스칼라 관계에 관한 것이다. 고등학교에서 학생들은 기하 도형을 나타내기 위해서 행렬을 배우고, 확장을 통해서 도형을 닮음 변환하기 위해서 **스칼라 곱셈**이라고 부르는 연산을 사용한다. 닮은 도형과 비율 표에 대한 앞선 논의들은 스칼라 연산으로서 곱셈을 이해하는 것이 수학의 많은 다른 영역에서 문제를 해결하는 데에 얼마나 유용한지를 설명하고 있다(필수 이해 1d).

필수 이해 1d
스칼라 연산의 의미로 곱셈을 정의하면 범자연수의 곱셈과 나눗셈을 넘어서는 문제를 표현하거나 해결할 때 유용하다.

02 성질과 알고리즘

스칼라 연산으로서의 곱셈의 정의는 범자연수의 곱셈에 대한 여러 가지 표현에 도움을 준다. 스칼라 연산의 개념은 수학의 다른 영역에서도 알고리즘을 다룰 때 찾아볼 수 있다.

1) 연산과 연산의 성질

곱셈과 덧셈의 성질들은 범자연수에서의 연산 알고리즘에 중요한 역할을 한다. 범자연수의 성질에 대한 이해는 유리수의 연산과 대수 알고리즘에 대한 깊은 이해를 발전시키는 데에 중요한 요소가 된다. 대수학의 아이디어를 이해하는 것은 대수에서 유리수의 계산과 조작에 필요한 절차에 대한 이해와 숙달에 달려 있다.

여러 자리 범자연수의 곱셈과 나눗셈에 대한 알고리즘을 발전시키고 추론하는 데에 교환법칙과 결합법칙, 그리고 분배법칙을 사용하는 것은(필수 이해 2a) 소수(小數)에서도 그러한 연산을 어떻게 사용하는지 이해하는 데에 기반이 된다. 범자연수의 계산 절차를 정당화하는 성질들은 소수의 계산 절차를 정당화하는 데에 사용될 수 있다.

필수 이해 2a

곱셈은 교환법칙과 결합법칙, 덧셈에 대한 분배법칙이 성립하며, 이는 범자연수 계산의 유연성을 보장하고, 계산 절차에 대한 정당성을 제공한다.

덧셈에 대한 곱셈의 분배법칙은 범자연수에서의 계산 알고리즘을 발전시키고 이해하는 데에 핵심적인 성질이 된다. 이 성질은 또한 동분모 분수의 덧셈에 대한 일반적인 알고리즘을 이해하는 데에도 기본이 된다. 예를 들어, $\frac{3}{7}$과 $\frac{2}{7}$의 합을 구한다고 하자. 먼저, $\frac{1}{7}$에 적용된 스칼라 3을 가지고, $\frac{3}{7}$을 $\left(\frac{1}{7}\right)\times 3$으로 적는다. 같은 방법으로 $\frac{2}{7}$는 $\left(\frac{1}{7}\right)\times 2$이다. 핵심이 되는 성질로서 분배법칙을 사용하여 다음과 같이 나타낼 수 있다.

$$\frac{3}{7}+\frac{2}{7}=\frac{1}{7}\times 3+\frac{1}{7}\times 2=\frac{1}{7}\times(3+2)=\frac{1}{7}\times 5=\frac{5}{7}$$

범자연수의 곱셈은 종종 분수의 곱셈과 별로 관련이 없어 보인다. 동수누가나 배열, 또는 곱집합 모델로 곱셈을 나타낼 때, 범자연수의 곱셈을 $\frac{2}{3}$와 $\frac{5}{7}$ 같은 분수의 곱셈과 연관 짓는 것은 어려울 수 있다. 곱셈에 대해 넓이 표현을 사용하는 것이 범자연수와 분수 둘 다의 곱셈과 호환성이 있어 보임에도 불구하고, 왜 넓이를 구하기 위해 곱셈을 사용해야 하는지에 대한 문제에 항상 직면하게 된다. 게다가 스칼라 인수가 수반된 닮음을 고려할 때, 동수누가나 배열, 또는 곱집합 모델은 관련된 상황들을 표현하기에는 부적합하다.

반면에 분수의 곱셈에 대한 스칼라 해석은 곱 $\frac{2}{3}\times\frac{5}{7}$가 의미하는 것을 이해할 수 있는 한 가지 방법을 보여준다. 이 해석에 의하면 $\frac{2}{3}$라는 양에 $\frac{5}{7}$가 작용해서 값을 바꾼다. $\frac{2}{3}$를 $\left(\frac{1}{3}\right)\times 2$로 생각해서, 먼저 $\frac{1}{3}$을 취하고 그 값에 2배하는 것으로 스칼라를 해석할 수 있다. 따라서 분수의 곱셈에 대한 스칼라 연산의 설명은 의미 있는 해석을 제공한다. 더욱이 분수의 곱셈에 대한 알고리즘은 다음의 예가 설명하는 것처럼 곱셈의 교환법칙과 결합법칙에 기반을 둔다.

$$\frac{2}{3}\times\frac{5}{7}=\frac{1}{3}\times 2\times\frac{1}{7}\times 5=\left(\frac{1}{3}\times\frac{1}{7}\right)\times(2\times 5)=\frac{1}{21}\times 10=\frac{10}{21}$$

재배열하면, 이 표현이 또한 분수의 곱셈에 대한 일반적인 절차를 설명할 수 있다.

$$\frac{2}{3}\times\frac{5}{7}=\frac{1}{3}\times 2\times\frac{1}{7}\times 5=\left(\frac{1}{3}\times\frac{1}{7}\right)\times(2\times 5)=\left(\frac{2\times 5}{3\times 7}\right)=\frac{10}{21}$$

범자연수 연산의 확장으로서 분수와 소수의 연산에 대한 논의는 다음 문헌을 참고하시오.
「유리수에 대한 필수 이해 : 3학년~5학년까지」(Barnett－Clarke 외, 2010)

어떤 양의 3분의 1의 7분의 1이라는 스칼라 설명은 곱 $\frac{1}{3}\times\frac{1}{7}$을 결정한다. Barnett－Clarke와 공동연구자(2010)는 $\frac{2}{3}$와 $\frac{5}{7}$ 같은 분수의 곱셈을 이해하기 위한 다양한 표현에 대해서 논의하였다. 분수와 소수 사이의 관계로 인해 곱셈의 스칼라 설명은 소수의 곱셈에서도 의미 있는 해석이 된다.

교사들은 대개 곱셈을 반복되는 덧셈으로 소개하고 자주 이러한 설명을 강조하기 때문에 학생들은 종종 "곱셈은 더 크게 만든다."는 믿음을 갖게 된다. 이러한 믿음 때문에 학생들은 일반적으로 이에 대응하는 나눗셈에 대해 "나눗셈은 더 작게 만든다."라고 생각한다. 이러한 일반화가 범자연수에서는 타당하지만, 실수에서의 연산에는 적용되지 않는다. Graeber(1993)는 어떻게 학생들이 이러한 제한된 개념을 갖게 되는지에 대해 상세히 설명하고 있다. Lannin과 공동연구자(2011)는 이와 같은 일반화를 강조하는 수학적 추론을 설명하고 있다. 스칼라 연산이 어떤 양의 크기에 영향을 주기 때문에, 이러한 방법으로 곱셈을–그리고 곱셈과의 역 관계를 통해서 나눗셈을– 해석하는 것은 이러한 두 가지 믿음에 자극을 준다. 여기서 곱셈과 나눗셈이 그 크기를 늘리거나 줄임으로써 어떤 양의 규모를 어떻게 변화시킬 수 있는지를 입증하는 예를 떠올릴 수 있다. 예를 들어, 다음 질문들을 생각해 보자.

일반화에 대한 논의는 다음 문헌을 참고하시오. 「수학적 추론의 필수 이해 : 유아·유치원~8학년까지」(Lannin 외, 2011)

- 50과 100 사이의 값을 얻기 위해 356에 어떤 수를 곱할 수 있는가?
- 1000보다 큰 값을 몫으로 얻기 위해 365를 어떤 수로 나눌 수 있는가?

이와 같은 질문에 답하는 것은 수 감각과 어림하는 기술을 발전시키는 데 도움을 줄 수 있다.

2) 지수

곱셈의 성질은 자연수의 지수에 대한 이해를 발전시키는 데 핵심이 된다. 곱셈의 교환법칙은 지수에 대한 여러 성질을 정당화하는 데 도움을 준다. 예를 들어, $a^3 \times a^4 = (a \times a \times a) \times (a \times a \times a \times a) = a \times a \times a \times a \times a \times a \times a = a^7$을 증명할 수 있다.

$(a^3)^4 = (a \times a \times a) \times (a \times a \times a) \times (a \times a \times a) \times (a \times a \times a) = a^{12}$에 대해서도 정당화할 수 있다. 다음과 같이 곱을 가리키는 지수에 대해 정당화하기 위해서 교환법칙과 결합법칙이 모두 필요하다.

$$(a \times b)^3 = (a \times b) \times (a \times b) \times (a \times b)$$
$$= (a \times a \times a) \times (b \times b \times b) = a^3 \times b^3$$

또한, 10의 거듭제곱과 같은 자연수의 거듭제곱은 **기하급수**

적 증가에 대한 예로 쓰인다. **등차수열**에서는 다음 항을 구하기 위해서 바로 앞항에 정해진 양을 더하도록 구성되어 있지만, **등비수열**은 다음 항을 구하기 위해서 바로 앞항에 정해진 양을 곱하도록 구성되어 있다. 그러한 등비수열의 한 가지 예는 1, 2, 4, 8, 16, 32, …인데 이 수열에서 각 항은 바로 앞항의 두 배이다. 이 수열은 여러 증가 패턴의 모델이 된다. 등비수열의 또 다른 예는 각각의 항이 바로 앞항의 10배인 수열이다. 예를 들어, 4에서 시작하면 다음 항은 40, 400, 4,000, 40,000, …이다. 순서쌍 (1, 4), (2, 40), (3, 400), …과 같이 데카르트 평면상에서 이와 같은 수열의 그래프는 등차수열의 선형 패턴이 아닌 점점 더 가파르게 증가하는 곡선에 대응한다. 이것은 지수함수의 예이다. 등차수열과 등비수열의 두 형태 모두 조합론과 미적분학의 연구에 중요한 아이디어이다.

03 결론

곱셈과 나눗셈에 대한 아이디어는 주요 학년(3~5학년)에서 소개된다. 학생들은 뛰어 세기와 분할과 같은 많은 활동을 통해서 곱셈과 나눗셈에 대한 비형식적 이해를 발전시키기 시작한다. 하지만 3~5학년의 곱셈에 대한 학습에서 중점을 둔 부분은 계산을 능숙하게 하도록 발전시키는 것이다. 학생들은 또한 다른 많은 상황에서 문제 해결을 하는 도구로서 곱셈의 유용성을 알기 시작한다. 학생들은 다양한 상황을 곱셈으로 인식하도록 배우면서, 표현과 추론에 대한 강력한 메커니즘으로서 곱셈에 대한 아이디어를 학습하기 시작한다.

3~5학년에서 곱셈과 나눗셈에 대한 이해는 견고하게 뿌리내리고 성장해서 분수와 소수 같은 다른 수 영역에서 곱셈과 나눗셈을 깊이 이해하는 데 기반이 된다. 더욱이 이러한 이해는 기하를 포함하여 대수학과 비례적 추론의 이해를 발전시키는 필수 요소이다.

제3장

교수·학습 및 평가에 대한 도전

교사는 곱셈과 나눗셈에 관한 핵심 아이디어와 필수 이해에 대해 깊이 이해해야 한다. 그렇지 않으면 종종 학생들의 이해를 유연하게 성장시키지 못하는 교수적 접근방법을 취할 수 있다. 두 교사간의 다음 논의를 살펴보자.

애브리 교사와 워작 교사는 학생들이 곱셈과 나눗셈에 관련된 개념과 구구에 대해 이해한다는 것이 교실에서 무엇을 의미하는가에 대한 자신의 신념을 논의하고 있다. 애브리 교사는 만약 학생들이 기본 구구를 기억하고 있다면 문제를 잘 해결하리라고 믿는다. 그녀는 교사의 역할이란 학생들이 올바른 답을 얻도록 도와주는 것이며 올바른 답을 얻는 것이 이해를 보여주는 것이라고 믿고 있다. 그녀는 자신의 교수 접근 방법을 워작 교사에게 다음과 같이 설명해 주었다.

> 학생들은 곱셈 구구와 나눗셈 구구에 있는 세 수 사이의 관계를 파악할 수 있도록 구구족을 학습하고 있었어요. 제가 세 수 3, 4, 12가 세 코너에 쓰여 있는 세모 모양의 카드를 학생들에게 보여주면, 학생들은 3×4가 12, 4×3이 12, $12 \div 3$이 4, $12 \div 4$가 3이라는 것을 알아요. 우리는 구구족 카드를 이용하여 "세계 여행" 형태의 게임을 하고, 마치 한 가족 구성원 사이의 관계처럼 카드에 쓰인 세 수가 어떻게 관련되는지에 대해 이야기를 나눠요. 학생들은 이 게임을 통해 곱셈과 나눗셈을 이해하게 돼요.

워작 교사는 암기를 강조하는 접근 방법이 반드시 깊이 이해하게 해 주는 것은 아니라고 믿고 있다. 그녀는 자신만의 매우 상이한 접근 방법을 다음과 같이 설명하였다.

> 흥미롭군요. 학생들이 곱셈과 나눗셈을 이해하도록 저는 5, 6, 30과 같은 세 수를 선택하고 이 수를 가지고 학생들에게 익숙한 맥락을 사용하여 문장제를 만들어요. 학생들이 그 수에 대한 의미를 파악하도록 말이에요. 가령 저는 "학생 5명이 있고 각각 풍선 6개를 가지고 있다면 모두 몇 개의 풍선이 있을까?"와 같이 말하면서 시작을 하지요. 저는 학생들이 정답을 얻기 위해 5명의 6에 대해 생각하고 6개씩 뛰어 세는지 혹은 학생들이 교환법칙을 이용할 수 있음을 깨닫고 6개의 5에 대해 생각하고 5씩 뛰어 세기를 하는지를 파악하고 싶답니다. 혹은 어떤 학생들은 분배법칙을 사용하기도 하고 추론을 위해 이미 알고 있는 구구를 사용하기도 해요. "내가 5가 3개이면 15라는 것을 알고 있고, 5가 6개이면 15와 15, 그래서 30이에요."라고 말하면서요. 수업 말미에 저는 "만약 쿠키 30개와 학생 6명이 있을 때, 각 학생이 똑같은 개수를 가져야 한다면 각각 몇 개의 쿠키를 갖게 되나요?"라는 질문을 던져요. 학생들이 곱셈과 나눗셈이 역연산 관계이고 6×5가 30이라는 것을 알고 있다면 학생들은 쿠키 30개를 학생 6명들에게 똑같이 나누어진 준 쿠키가 5개라는 것을 알 수 있지요. 그러면 저는 학생들이 곱셈과 나눗셈을 이해하고 있다고 확신합니다.

이러한 접근 방법이 워작 교사의 학생들이 확실히 이해하도록 도와줄 수 있으며, 동시에 여러 필수 이해와 관련하여 워작 교사가 학생들의 이해를 평가할 수 있게 해준다는 점에 주목하자. 학생 5명이 각각 풍선 6개를 갖고 있는 문제를 학생들에게 제시한 후에 워작 교사는 학생들이 곱셈 구조에 포함된 요소들에서 어느 것을 스칼라로, 또 어느 것을 스칼라가 적용되는 양으로 규정하는지를 관찰할 수 있다(필수 이해 1c). 그리고

> **필수 이해 1c**
> 곱셈으로 표현될 수 있는 상황에는 '~배'를 나타내는 스칼라(scalar) 요소와 스칼라가 적용되는, 즉 '~배 할' 양을 나타내는 요소가 있다.

학생들이 유연하게 계산하기 위해 분배법칙을 사용하는지 여부를 살필 수 있다(필수 이해 2a). 그 다음에 5, 6, 30이 포함된 상황을 뒤집어서 쿠키 30개를 6명에게 똑같이 나누어주는 새로운 문제를 제시할 수 있는데, 이는 학생들이 곱셈과 나눗셈 사이의 역연산 관계를 이해하고 있는지 여부를 파악하기 위함이다(필수 이해 1e).

> **필수 이해 2a**
> 곱셈은 교환법칙과 결합법칙, 덧셈에 대한 분배법칙이 성립하며 이는 범자연수 계산의 유연성을 보장하고, 계산 절차에 대한 정당성을 제공한다.

> **필수 이해 1e**
> 나눗셈은 곱셈의 역연산으로 정의된다.

워작 교사는 학생들을 위한 교수를 어떻게 계획할지에 관해 생각하고 있다. 그리고 항상 어떤 개념을 도입할 때마다 학생들이 어떤 수학을 알아야 하는지를 파악할 수 있는 문장제로 시작한다. 또한 여러 추론 전략을 경청한다. 쿠키 문제에서 한 학생이 "저는 쿠키 30개를 가지고 시작해서 각 사람에게 1개씩 줄 거예요. 그러면 30개에서 6개가 빠지고 24개가 남아요."라고 말한 것에 대해 생각한다. 그 학생은 두 배 전략을 계속 사용하여, "6개씩 2묶음이면 18개가 남고, 6개씩 3묶음이면 12개가 남고, 6개씩 4묶음이면 6개 남고, 6개씩 5묶음이면 0개가 남아요. 그래서 각 사람은 쿠키 5개를 갖게 돼요."라고 말할 수 있다. 이 시점에서 어느 누구도 이 상황을 수식으로 나타내는 방법을 알지 못한다면 칠판에 $6 \times 5 = 30$이라고 쓰고 기호 "×"를 학생들이 사용한 용어를 사용하여 "~개씩 ~묶음"이라고 읽어 준다. 이 등식에서 5는 스칼라 즉 양에 적용하는 대상임을 의미한다(필수 이해 1a). 워작 교사는 수업 시간에 다양한 풀이 전략을 갖게 할 것이라고 설명하고 있다(필수 이해 1b).

> **필수 이해 1a**
> 곱셈식 A×B에서 B는 배율(scaling factor)이다. 즉, A×B는 A를 B배 한 것이다.

> **필수 이해 1b**
> 문제 상황 맥락에서 만들어진 곱셈식은 그에 대한 이유가 있으며, 한 상황에 대한 다른 표현과 다른 추론 방법은 서로 다른 수식으로 나타난다.

워작 교사는 곱셈과 나눗셈에 대한 아이디어와 관련된 사실에 대한 이해를 신장시키기 위해 학생들의 추론을 인식해야 하고, 학생들이 그것을 수식 형태로 나타내는 것을 도와야 하며, 학생들이 사용한 사고 과정을 정확히 뒤쫓아 가야 한다고 믿는다. 그리고 학생들이 교실에서 생각하고 있는 방식대로 표현된 여러 추론 과정을 이끌어내는 전략을 세우는 동안 아이디어를 공유할 기회를 제공한다.

워작 교사는 아직 어떤 전략도 사용하지 않고 있는 학생이 어떤 상황을 그림이나 구체물을 선택적으로 사용하여 즉시 모델링하도록 돕기 위해 개별적으로 학생들을 만난다. 더구나 워작 교사는 동수누감이 대부분 학생들이 처음으로 사용하는 나눗셈 전략이며, 큰 수에 대한 의미를 파악하기 위해 학생들은 우측 분배법칙을 사용하는 것과 같은 보다 정교한 전략이 필요함을 알고 있다(필수 이해 2b). 그녀의 목표는 학생들이 곱셈과 나눗셈과 관련된 개념과 전략에 대해 충분히 그리고 점차 이해하게 하여, 그것을 바탕으로 효율적인 알고리즘을 개발하는 것이다.

> **필수 이해 2b**
>
> 나눗셈의 덧셈에 대한 우측 분배법칙은 범자연수의 나눗셈을 유연하게 하고 계산 과정을 정당화하지만, 덧셈에 대한 나눗셈의 좌측 분배법칙은 성립하지 않으며 뿐만 아니라 나눗셈에서는 교환법칙과 결합법칙도 성립하지 않는다.

애브리 교사와 워작 교사 모두 이해가 의미하는 바에 대한 아이디어를 가지고 있다. 각 교사는 학생들이 곱셈 및 나눗셈과 관련된 개념과 구구를 이해해야 한다고 굳게 믿고 있다. 그러나 두 반에 있는 학생들은 서로 다른 수학적 이해를 발달시킬 것이다.

애브리 교사의 목적은 학생들이 기호적 처리에 숙달되도록 돕는 것이지만 워작 교사는 학생들이 곱셈과 나눗셈에 대해 보다 확실히 이해하도록 돕기 위해 고군분투하고 있다. 워작 교사는 학생들이 문제를 표현하고 해결할 때 사용하는 여러 추론에 반응을 할 수 있고, 학생들이 보다 효율적인 풀이 전략을 개발하도록 도우려면 필수 이해에 대해 깊이 이해해야 한다.

01 확실히 이해하도록 가르치기

애브리 교사와 워작 교사의 시나리오는 각 교사가 믿고 있는 것이 **이해**의 의미라는 이슈를 제기한다. 어떤 교사에게는 이해하였다는 표시가 기호적인 절차에 대한 숙달 정도이다. 그러한 교사들은 학생들에게 "다음에는 무엇을 해야 하지?" 또는 "그 수를 어디에 적어야 하지?"와 같은 발문을 할 것이다.

애브리 교사와 워작 교사가 곱셈과 나눗셈의 이해에 관한 대화를 지속하면서 그들은 이해에 대한 보다 분명한 징표를 규정하기 시작한다. 애브리 교사는 학생에게 24와 35같은 두 자리 수 두 개를 곱하라고 요청했을 때, 학생들이 "좋아요,

4×5는 20. 그래서 저는 0을 쓰고 2을 받아 올렸어요. 4×3은 12이고, 2가 더 있으니 14. 그래서 140이라 적고 그 다음에…"라고 말하기를 기대한다. 이러한 "설명"은 학생들이 두 자리 수 곱셈에 포함된 수학적 개념에 대해 충분히 이해하고 있다는 증거가 되지는 않는다. 그것은 단지 제한된 이해를 반영하는 기호적 절차를 그대로 따라 하고 있을 뿐이다.

이와 대조적으로 워작 교사와 같은 교사들은 학생들의 사고에 초점을 두고 학생들이 문제를 표현하고 해결하는 다른 방법을 발달시키면서 자신의 이해를 향상시키도록 돕기 위해 발문을 한다. 교사들의 이러한 발문은 학생들이 절차의 이면을 생각해보도록 고안된 것이며 각 단계에 대한 학생들의 이해를 탐색한다.

- 왜 너는 여기에 0을 썼니?
- 네가 받아 올린 2가 의미하는 바가 무엇이니?
- 이것이 곱셈 문제인데 너는 왜 10과 2를 더했니?

이런 형태의 발문은 "왜 그런 과정을 하는지"를 드러낸다. 이런 형태의 발문들은 절차에 대한 친숙함이나 숙달보다는 핵심 아이디어 2에 대한 교사의 이해에 토대를 두고 있다. 더구나 이러한 발문은 학생들로부터 암기된 절차 단계에 대한 리스트를 정교화하는 대신에 학생들로 하여금 개념에 관해 추론하고 이해하도록 돕는다. 여러 자리 수끼리의 곱셈에 대해 이러한 종류의 이해에 관심을 둔 교사들은 학생들이 다양한 수학적 개념 사이의 연결을 구성하도록 돕는다. 깊이 이해한 교사들이 학생들이 24×35의 곱을 유연하고 확실하고 점진적으로 발달하는 이해를 통해 계산하는 것을 학습하도록 하는 몇 가지 방법들을 예로 검토해 보자.

Big idea

핵심 아이디어 2
곱셈과 덧셈의 성질은 암산이나 어림 전략, 학생들이 스스로 고안한 알고리즘이나 표준알고리즘과 같은 곱셈과 나눗셈 계산 과정을 이해하는 데 필요한 수학적 기초를 제공한다.

1) 문장제로 시작하기

좋은 시작 방법은 학생들이 직관적으로 사용 가능한 전략을 평가하기 위한 문장제를 만드는 것이다. 가령, 로빈슨 교사는 다음과 같은 문장제를 만들었고, 두 자리 수끼리의 곱셈에 대해 학생들이 어떻게 이해하는지 알아보기 위해 그 문장제를 공유하였다.

> 4학년 학생 24명은 각자가 파티를 위해 75센트를 가져왔다. 4학년 학생 전체가 파티를 하기 위해 갖고 있는 돈은 모두 얼마인가?

로빈슨 교사는 올리비아가 이 문제를 풀기 위한 첫 번째 시도에서 다음과 같이 쓴 것을 관찰하였다.

$$75 \times 2 = 150$$
$$75 \times 4 = 150 + 150$$
$$75 \times 8 = 300 + 300$$
$$75 \times 16 = 600 + 600 = 1200$$

로빈슨 교사는 올리비아가 75개씩 8묶음이 더 필요하다는 것을 알고 있는 것으로 보았다. $75 \times 16 = 1200$이고 $75 \times 8 = 600$이기에 $75 \times 24 = 1200 + 600 = 1800$센트, 즉 18달러이다. 로빈슨 교사는 발문을 통해 올리비아가 동수누가 전략을 간결하게 사용할 수 있게 해주는 것 이상을 이해하지 못하고 있다고 믿게 되었다. 그러나 이러한 접근이 좋은 출발점이라고 간주하였다. 그는 올리비아가 자신이 하고 있는 것과 분배법칙 사이의 관련성을, 가령 75×24는 $75 \times (16 + 8)$ 또는 $(75 \times 16) + (75 \times 8)$과 같다는 것을 확실히 이해하기를 바랬다(필수 이해 2a).

> **필수 이해 2a**
> 곱셈의 교환법칙과 결합법칙, 덧셈에 대한 분배법칙이 성립하며, 이는 범자연수 계산의 유연성을 보장하고, 계산 절차에 대한 정당성을 제공한다.

2) 세심하게 선택한 계산 사용하기

학생들의 이해를 구성해주는 두 번째 방법은 학생들에게 조심스럽게 선택한 계산에 대해 발문하는 것이다. 파티를 위해 각자가 75센트를 가져온 4학년 학생들의 문제를 만든 후에 로빈슨 교사는 일련의 계산과 학생들이 이해하는데 도움이 되는 추론을 할 수 있는 후속 발문을 마련하였다. 로빈슨 교사가 다음과 같은 일련의 계산 관련 발문을 계획했다고 가정하자.

- 7×2와 70×2는 어떻게 관련되는가?
  로빈슨 교사는 학생들이 두 번째 곱이 첫 번째 곱에 0을 덧붙이는 것이 아니라 첫 번째 곱보다 10배 커지는 것이라는 것을 이해할 필요가 있음을 안다. 10이라는 수에 의해 그 곱이 14에서 14개의 십으로 변한다. 로빈슨 교사는 학생들이 인수 10이 어떻게 나오는지 보이기 위해 결합법칙을 직관적으로 사용할 수 있음을 알고 있으며, 학생들이 추론 과정에서 결합법칙을 사용한 후에 이 성질에 대한 공식 명칭인 결합법칙을 도입하였다.
  $$70 \times 2 = (7 \times 10) \times 2 = 7 \times (10 \times 2)$$
  $$= 7 \times (2 \times 10) = (7 \times 2) \times 10 = 14 \times 10$$
- 70×2와 75×2는 어떻게 관련되는가?
  학생들은 아직 분배법칙을 모르지만 다음과 같은 관계를 보이기 위하여 곱셈과 수 분해에 대해 자신이 이해한 것을 바탕으로 분배법칙을 비형식적으로 사용한다.
  $$75 \times 2 = (70 + 5) \times 2 = (70 \times 2) + (5 \times 2)$$
- 7×2와 70×20은 어떤 관련이 있는가?
  20은 10의 2배이기 때문에 70×20은 70×2의 10배이다.
  $$70 \times 20 = 70 \times (2 \times 10) = (70 \times 2) \times 10$$
- 75×2와 75×20은 어떤 관련이 있는가?
  $$75 \times 20 = 75 \times (2 \times 10) = (75 \times 2) \times 10$$
- 75×20과 75×24는 어떤 관련이 있는가?
  $$75 \times 24 = 75 \times (20 + 4) = (75 \times 20) + (75 \times 4)$$

로빈슨 교사는 학생들이 계산에서 유연성을 개발하도록 돕는 발문을 만들기 위해 연산의 성질과 계산의 유연성을 이용한다

필수 이해 2a

곱셈의 교환법칙과 결합법칙, 덧셈에 대한 분배법칙이 성립하며, 이는 범자연수 계산의 유연성을 보장하고, 계산 절차에 대한 정당성을 제공한다.

필수 이해 1f

적절한 용어의 사용과 나눗셈 알고리즘의 이해는 나눗셈 상황에서 몫과 나머지가 어떻게 사용되는지를 이해하기 위한 기초를 제공한다.

(필수 이해 2a). 동시에 수학적 이해에 기여할 수 있는 올바른 수학 용어를 강조한다(필수 이해 1f).

3) 넓이 모델을 통한 활동

학생들을 이해시키는 세 번째 방법은 가로와 세로의 길이를 갖는 직사각형 넓이에 관한 지식을 적용하는 것이다. 한 직사각형의 가로가 75이고 세로가 24이면 학생들은 [그림 3.1]에 있는 것과 같이 넓이를 나타내기 위해 직사각형 모델을 개발할 수 있다. 그러한 넓이 모델은 분배법칙에 대한 기하학적 표현을 제공한다.

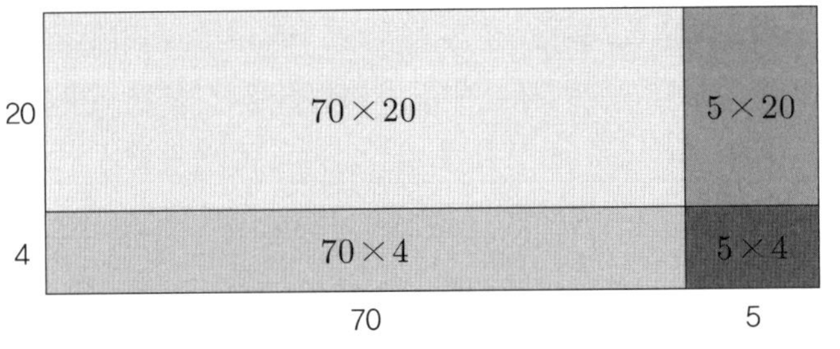

[그림 3.1] 두 자릿수의 곱셈 절차를 설명하기 위해 넓이 모델 사용하기

수모형을 사용하는 것으로부터 자연스럽게 발전된 넓이 모델로 표현하여 자신의 사고를 설명하려는 학생은 다음과 같이 말할 수 있다.

> 먼저 저는 70 곱하기 20 + 4에 대해 생각할 수 있어요. 70 × 20은 1400이죠. 왜냐하면 70 × 20은 70 × 2의 10배이니까요. 그리고 70 곱하기 4는 2800인데, 왜냐하면 70 × 4는 7 × 4의 100배이니까요. 그러면 5 × 20은 100이고, 5 × 4는 20이에요. 각 부분에서 이렇게 하고 내가 이미 알고 있는 것을 이용하여, 1400 + 280 + 100 + 20은 정답 1800을 얻게 됨을 정당화할 수 있어요.

학생들이 곱셈에 대해서 넓이 모델의 부분들과 기호적 절차 사이의 관련성을 인식하고 사용할 수 있으면 충분히 수학적으로 이해하고 있다는 것이다.

02 이해를 위해 보고 듣기

학생들이 지식을 확장하여 나갈 때 교사는 보다 깊이 이해할 수 있는 기회를 제공해 주어야 한다. 워작 교사가 애브리 교사에게 설명했던 접근방법을 고려해 보자.

워작 교사는 애브리 교사가 교실에서 했던 초기 대화를 관련시켰다. 레나라는 한 학생이 쿠키 30개를 세 명이 나누어 갖는 문제를 해결하기 위한 자신의 전략을 설명하였다. 레나는 "좋아요. 3×10. 쿠키가 30개이기 때문에 10개씩 주면 돼요. 10, 10, 10개씩 가지면 30이 돼요. 그래서 30과 3이어서 10이 돼요."라고 말한다. 워작 교사는 그녀가 레나에게 30을 가지고 무엇을 했는지 설명을 요구했을 때, 레나는 "나는 30을 10개 묶음으로 나누었어요. 3×10이 30이니, 30은 십이 3개예요."라고 설명하였다. 워작 교사는 애브리 교사에게 그 시점에 레나에게 "어떤 연산 기호로 동일한 부분으로 나누는 것을 나타낼 수 있는지 그리고 너의 사고를 어떻게 하나의 식으로 나타낼 수 있는지를 질문했다."라고 말하였다. 레나는 확신을 갖지 못했고, 그래서 워작 교사는 다음과 같은 문제를 제기하였다.

> 피넛버터 쿠키 18개를 3명이 나누어 갖는다고 할 때 각각은 몇 개의 쿠키를 갖게 되는가?

레나는 "6개요. 저는 3×6이 18임을 알아요. 18를 3개 묶음으로 나누면 6개가 돼요."라고 말하였다. 이 시점에서 레나는 "**쪼갠다**"다는 말 대신에 "**나눈다**"는 말을 사용하였다. 그리고 워작 교사는 레나의 사고를 다음과 같이 적었다.

$$3 \times 6 = 18\text{이고 } 18 \div 3 = 6$$

나눗셈 식을 유도하기 위하여 곱셈에 대한 이해를 사용하여

필수 이해 1e
나눗셈은 곱셈의 역연산으로 정의된다.

필수 이해 1f
적절한 용어의 사용과 나눗셈 알고리즘의 이해는 나눗셈 상황에서 몫과 나머지가 어떻게 사용되는지를 이해하기 위한 기초를 제공한다.

필수 이해 2b
나눗셈의 덧셈에 대한 우측 분배법칙은 범자연수의 나눗셈을 유연하게 하고 계산 과정을 정당화하지만, 덧셈에 대한 나눗셈의 좌측 분배법칙은 성립하지 않으며 뿐만 아니라 나눗셈에서는 교환법칙과 결합법칙도 성립하지 않는다.

다른 학생들과 대화를 계속하였다. 워작 교사는 애브리 교사에게 학생들이 곱셈과 나눗셈 사이의 역연산 관계에 대한 이해를 발달시키기 시작했다고 설명하였다(필수 이해 1e). 그리고 **곱셈, 나눗셈, 인수, 배수** 그리고 **곱**이라는 용어를 수업시간 전체를 통해 강조하였다고 설명하였다(필수 이해 1f). 대화 말미에 도션은 자신의 추론을 설명하기 위해 “21 나누기 3은 15 나누기 3과 6 나누기 3의 합과 같다.”고 설명하면서 나눗셈 우측 분배법칙을 사용하였다(필수 이해 2b). 워작 교사는 말로 표현한 내용을 식으로 쓸 것을 요구하였다.

$$21 \div 3 = (15 \div 3) + (6 \div 3)$$

03 이해를 통한 지도의 특징

교실 상황은 필연적으로 곱셈과 나눗셈을 지도할 때 다음과 같은 여러 가지 쟁점에 주목하게 한다.

- 계산 과정에서 “트릭(trick)”의 사용
- 풍부한 수학적 과제의 기회
- 수학적 용어와 정의의 필요성

교사가 곱셈과 나눗셈에 대한 학생의 경험을 핵심아이디어와 필수 이해를 통해 파악할 때, 이러한 세 가지 쟁점을 곱셈과 나눗셈에 대한 학생들의 이해를 신장시킬 기회로 전환하는 방법을 발견하게 된다.

1) 참신한 절차에 대해 설명하기

추론 없이 신속히 정답을 찾는 것에 초점을 두는 학생들은 수학은 대부분 절차에 대한 “트릭”과 암기가 요구되는 과목이라고 믿는다. 이러한 종류의 학습은 이해하기 어렵다. 이해에 초점을 둔 학습 환경은 학생들에게 트릭, 지름길, 미스터리한 절차를 제시하지 않는다. 교사의 임무는 왜 그런 “트릭”이나 암기한 절차가 타당한지 학생들이 탐구하여 이해하게 하거나, 자신이 이해한 바를 사용할 기회를 만드는 것이다.

9를 곱하는 다음 절차를 살펴보자. [그림 3.2]처럼 손가락을 왼쪽부터 오른쪽으로 1부터 10까지 번호를 붙이고 2번 손가락을 접으면 왼쪽에 손가락 1개 오른쪽에 손가락 8개가 있다. 이 상황은 9와 2의 곱이 18임을 나타낸다. 만약 6번 손가락을 접으면 손가락이 왼쪽에 5개, 오른쪽에 4개 있어 이것은 9×6가 54임을 보여준다.

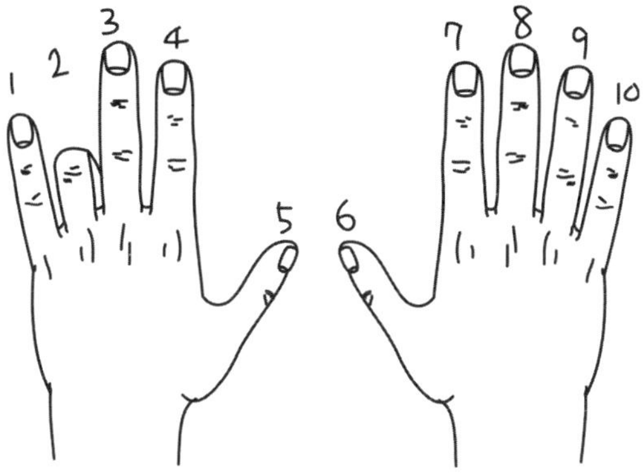

[그림 3.2] 곱하기 9에 대한 무의미한 절차 필요 없이 손쉬운 방법으로 9×2를 표현하기

이러한 절차 사용이 어떠한 이해를 강화시켜 주는가? 이런 절차를 의미 있게 만들기 위해 어떤 수학을 가져와야 하는가? 한 가지 방법은 다음과 같이 이 절차에 대한 추론을 하고 정당화하는 것이다.

$9\times n=(10-1)\times n=10n-1n$	우리가 알고 있는 분배법칙
$9\times n=10n-1n=10n-10+10-1n$	10을 더하고 빼기
$9\times n=10n-10+10-1n$ $=10(n-1)+(10-n)$	다시 분배법칙을 사용해서

$9\times n$을 손가락을 이용한 계산 과정에서

- n은 접은 손가락의 번호이다.
- $n-1$은 접은 손가락 왼쪽에 있는 손가락의 개수이다.

- $10-n$은 그 손가락 오른쪽에 있는 손가락의 개수이다.
- $10(n-1)+(10-n)$은 $9\times n$과 같다.

필수 이해 2a

곱셈의 교환법칙과 결합법칙, 덧셈에 대한 분배법칙이 성립하며 이는 범자연수 계산의 유연성을 보장하고, 계산 절차에 대한 정당성을 제공한다.

그래서 분배법칙을 사용하여 손가락을 이용한 "트릭"에 대한 수학적 설명을 제공 할 수 있다(필수 이해 2a).

개념적 이해를 지도하려는 교사들은 트릭이나 손쉬운 계산 방법 혹은 미스터리해 보이는 절차가 왜 그렇게 되는지를 학생들과 함께 탐구한다. 학생들이 수학에 푹 빠지게 하고 오랫동안 기억하게 만드는 것은 그러한 탐구를 통해서이다. 트릭과 손쉬운 방법의 절차 이면에 들어 있는 추론 과정을 발달시키기 위해서는 시간이 많이 요구된다는 점에 특히 주목해야 한다. 그러나 이러한 추론 과정은 교실 밖에서 그리고 이전의 수학 수업 시간에 접하게 되는 수학에 대해 학생들이 더 깊이 이해할 수 있게 해준다. 사실 학생들은 생각할 시간이 충분하지 않은 사람들에게 "트릭"을 설명해주기 위해 자신들이 이해하고 있는 수학을 어떻게 이용할지를 결정할 때 상당한 즐거움을 가질 수 있다.

2) 가치 있는 과제 사용하기

교사는 학생들의 이해를 돕는 추론을 하도록 동기를 부여하는 과제를 창안할 수 있다. 가령 5학년을 지도하는 찰스 교사는 교실 뒷면에 학생들과 상호작용할 수 있는 게시판을 만들었다. "4가 4개"라고 적힌 게시판에는 1부터 100까지 수들이 나열되어 있다. 학생들의 목표는 각 수가 결과로 나오는 가능한 한 많은 수식을 찾는 것이다. 학생들은 어떤 연산도 사용할 수 있지만 오직 4를 4개만 사용해야 한다. 1과 60에 대한 몇 가지 예가 다음에 있다.

$$\frac{4\times 4}{4\times 4} \qquad \frac{44}{44} \qquad 4\times 4\times 4-4 \qquad 44+4\times 4$$

각 수에 대해서는 여러 수식이 가능하다. 찰스 교사의 학생들은 연산 순서 및 곱셈과 나눗셈을 포함하는 수 사이의 관계를 발견하였고, 연산의 성질이 모두 동일한 수를 표현하는 서로 다른 방법을 찾는 데 역할을 한다는 것을 알아내었다. 주기적으로 찰스 교사는 자기 학생들이 성질과 관계를 이해하도록 도울 수 있는 이러한 아이디어들에 관하여 토론한다.

Carey(1992)는 다르게 설정된 상황의 장점을 취하면서 학생들에게 문제를 해결하도록 동기부여하기 위해 아동 문학을 사용할 것을 제안하였다. 「The Patchwork Quilt(Flournoy, 1985)」라는 책을 사용하여 Carey는 곱셈과 나눗셈 개념을 포함하는 과제를 제기하였다. 조심스럽게 문장제를 만들면서 학생들이 곱셈과 나눗셈 상황에 대한 다양한 표현을 사용하도록 학생들을 격려하였다. 가령 배열 모델은 학생들이 "정사각형 4개씩 6줄을 갖는 퀼트를 만들 때 필요한 정사각형의 개수는 얼마인가?"라는 문제에 대해 학생들이 사고하는 방법을 모델링할 수 있는 방법이다(Carey 1992, p. 200).

각 문제에 포함된 수를 조심스럽게 선택하여 Carey는 넓이와 둘레 사이의 관련된 개념, 인수, 교환법칙 등에 관한 사고를 촉진하였다. 주어진 도형을 확대하는 과제는 스칼라 곱셈 개념과 관련된다. [그림 3.3]처럼 한 직사각형의 가로와 세로가 두 배가 되면 직사각형의 넓이와 둘레의 길이는 어떻게 되는가? Thiessen(1998, 2004)은 곱셈 및 나눗셈과 관련된 개념을 통합하는 문학 작품과 관련성을 상세히 서술하였다.

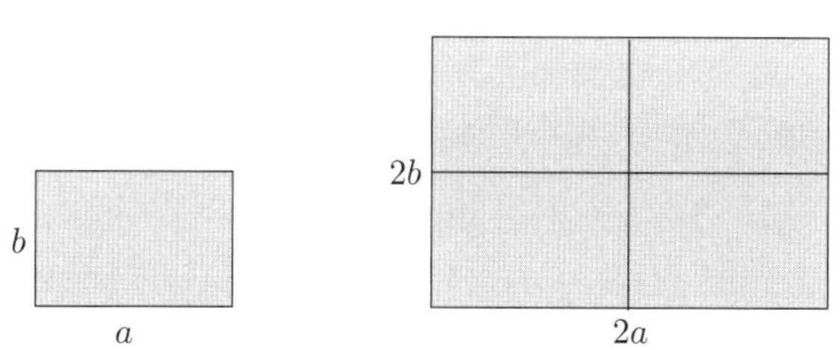

$A = ab$

$P = 2a + 2b$

$A = (2a)(2b) = 4ab$

$P = 2(2a) + 2(2b) = 2(2a + 2b)$

[그림 3.3] 직사각형의 가로와 세로의 길이를 두 배 하였을 때 넓이와 둘레의 길이에 미치는 영향을 보여주는 그림과 수식

과학과 사회, 미술 시간에 학생들이 학습하는 단원에서 얻은 주제는 곱셈과 나눗셈에 관해 추론할 수 있는 맥락을 제공하여 준다. 물론 그 주제들은 일반적으로 학생들의 학교생활과 관련된다. 예를 들어, 다음 상황을 살펴보자.

> 3학년 학생 35명이 교복을 사기 위해 각자 25달러를 가져왔다면 돈은 모두 얼마인가? 4학년 학생 45명이 각각 동일한 목적으로 25달러를 가져 왔다면, 4학년 학생들은 얼마나 더 많은 돈을 가져왔는가?

학생들은 지필 계산을 하지 않고 최소한의 계산으로 두 번째 질문에 대해 답할 수 있어야 한다.

또한 학교 밖 생활과 관련된 관심을 연결할 수 있는 문제 제시에 대해 살펴보자. 다음은 단지 하나의 예이다.

> 슈퍼볼 게임을 준비하면서 승리 팀을 위해 ________개의 챔피언 반지를 구입하였다. 반지 하나는 ________달러이다. 모든 반지를 구입하기 위해 필요한 금액은 얼마인가?

학생들이 슈퍼볼 문제를 위해 사용했던 정보는 http://www.nola.com/superbowl/index.ssf/2010/06/new_orleans_saints_super_bowl_11.html.에서 찾아볼 수 있다.

이 문제 상황에 대해 오늘날 실제 상황을 반영할 수 있는 실자료를 조사하고 찾아오는 과제를 학생들에게 부과할 수 있다. 전략 공유는 사고를 촉진하는 수학 활동이 될 수 있다. 이 교사 학급의 학생들은 하나에 5000달러인 반지 150개를 구입했음을 알게 되었다. 데이비드는 반지 100개의 가격이 5000×100, 즉 500000달러라고 추론하였다. 반지가 50개 더 있어야 하므로 그것의 절반인 250000달러가 더 필요하다. 그래서 데이비드는 전체 구입 가격이 750000달러에 이른다고 추론하였다.

그러는 동안 마리안은 15×5가 75라는 사실을 고려하면서 시작하였다. 그녀는 필요한 달러의 수는 75에 만 배가 될 것임을 알았다. 그래서 그녀는 전체 구입가가 750000달러라고 추론하였다. 그녀의 계산은 범자연수에서 곱셈과 덧셈의 성질을 가지고 다음과 같이 정당화될 수 있다.

$$\begin{aligned}(15 \times 5) \times 10000 &= 15 \times 10 \times 5 \times 1000 \\ &= (15 \times 10) \times (5 \times 1000) = 150 \times 5000\end{aligned}$$

일상적인 상황과 관련된 추론을 하고 그 추론 전략을 공유하면서, 학생들은 자신만의 전략을 구성할 기회를 갖게 된다. 모든 학생들이 전략을 공유할 때 중요한 부분은 질문하고 설명하는 것이다. 그러면서 학생들은 깊게 그리고 충분히 이해하게 된다.

3) 적절한 언어와 정의 사용하기

3학년에서 4, 5학년으로 진급하면서 그리고 전략을 끊임없이 논의하면서 학습하는 수학에 관해 학생들이 효과적인 의사소통을 확실히 하도록 교사는 동일한 용어를 사용하여야 한다. 한 교사는 **두 수를 바꾸라**고 말하고 다른 교사는 **교환법칙을 사용하라**고 말할 때 학생들에게 혼동을 야기한다. 교사가 수학적 용어를 명확하게 사용하지 않으면 학생들은 그 용어와 관련된 개념을 부정확하게 사용할지 모른다. 가령 학생들은 곱셈의 교환법칙을 나눗셈 연산에도 적용할지 모른다. 이 오류는 학생들이 나눗셈에 관해 논의할 때 이루어지는데 교사들은 종종 이것을 간과한다.

학생들에게 친숙하지만 추론을 공유하는 과정에서 사용하기를 주저하는 용어와 정의를 언급하면서 의사소통 능력과 추론 능력을 발달시키도록 학생들을 도와줄 수 있다. 다음 시나리오를 살펴보자. 코베는 혼동을 느끼고 있다. 그래서 딘 교사가 논의를 시작하였다.

코베 : $5 \div 0$이 0인지 $0 \div 5$가 0인지 기억하지 못하겠어요.
둘 다 0 아닌가요?

교사 : **나눈다고** 할 때 무엇을 의미하지?

코베 : (생각하며) 글쎄요. $12 \div 3 = 4$이면 $12 = 3 \times 4$예요. 그래서 $5 \div 0 = 0$이면 $5 = 0 \times 0$입니다. 이건 말도 안돼요. 이제 $0 \div 5 = 0$을 살펴보면 $0 = 5 \times 0$이지요. 이건 말이 돼요. 그래서 $0 \div 5 = 0$이 의미가 있고 $5 \div 0 = 0$은 의미가 없어요.

교사 : (요약하며) 우리는 $5 \div 0$은 **부정**이라고 한단다. 왜냐하면 0으로 나누는 나눗셈은 나눗셈 정의를 사용하면 의미가 없기 때문이지.

이 시나리오에서, 교사는 0이 포함된 나눗셈의 의미를 파악하도록 돕기 위해 전체 학생들에게 사용하였던 아이디어를 이용하여 코베에게 도움을 주었다. 그리고 교사는 **부정**이라는 용어를 도입해서 수학과 관련된 어휘를 확장하도록 하였다. 수학적 추론과 논의는 교사가 정확한 용어를 사용하거나 이전 학습 내용을 이해할 때 도움이 되었던 정의를 학생들이 사용하도록 도와줄 때 향상된다.

04 이해를 돕기 위한 시간 만들기

이해를 강화시켜 주기 위해서는 유의미한 과제와 적합한 용어 사용뿐만 아니라 시간이 필요하다. 프엔트 교사가 학생들이 나눗셈 계산에 대한 이해를 개발하도록 도와주기 위하여 노력한 시간을 살펴보자. 그는 수업 시간에 다음과 같은 문제를 도입하였다.

> 프엔트씨는 연필 698자루를 가지고 있다. 한 상자에 연필 12자루씩 담아서 5학년 학생들 각각에게 주려고 한다. 프엔트씨는 몇 개의 상자를 채울 수 있는가?

프엔트 교사는 모든 학생들이 이 문제를 확실히 이해하도록 하였고, 문제를 해결하는 과정에서 필요하다면 어떤 구체물이라도 사용하도록 격려하였다. 그런 다음에 교실을 순회하면서 학생들이 하는 활동을 관찰하였다. 프엔트 교사가 앨리사에게 다가갔을 때, [그림. 3.4]와 같이 수식을 쓴 것을 발견하였다.

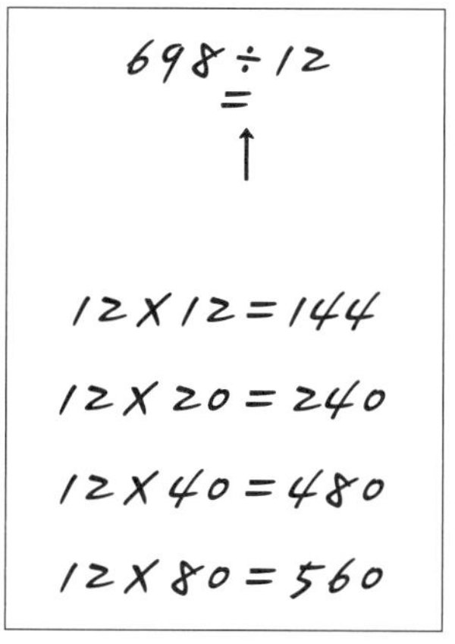

[그림 3.4] 프엔트 교사 문제에 대한 앨리사의 초기 접근

앨리사의 풀이를 보고 프엔트 교사는 앨리사가 나눗셈을 곱셈의 역연산으로 이해하고 있으며(필수 이해 1e), 10을 곱하는 것이 효율적이라는 것을 인식하고 있다고 생각하였다. 교사는 이 계산에서 오류를 발견했지만 그것에 주목하는 대신에 "난 네가 한 것을 보았다. 네가 한 추론을 나에게 설명해줄래?"라고 말하였다. 앨리사는 12에 몇을 곱하면 698이 되는지 알아내야 할 필요가 있다고 설명하였다. 그녀는 12×10이 120임을 알고, 12×20을 구하기 위해 이것을 사용하였다. 그리고 이것을 두 배해서 12×40의 곱을 얻었다. 그녀는 "그런데, 이것은 여전히 충분히 크지 않아서 이제 12×80을 살펴보려고 해요."라고 말했다. 그녀는 다시 잘못 계산하고 "이것도 여전히 충분하지 않아요."라고 말하였다. 프엔트 교사가 "잠깐만! 만약 12×40이 480이라면 어떻게 12×80이 560이 되지?"라고 말했다. 앨리사는 생각하고 나서 "잘못 됐어요. 제가 4를 두 배하는 것을 깜빡했어요. 훨씬 커져요."라고 말하였다.

필수 이해 1e
나눗셈은 곱셈의 역연산으로 정의된다.

이 시점에서 앨리사가 보다 효율적인 알고리즘을 개발하도록 돕기 위해 프엔트 교사는 10, 100을 곱하기와 기본 곱셈구구에 대한 지식에 덧붙여 앨리사의 사고를 이용하길 원했다. 앨리사가 알았으면 하는 수학과 앨리사가 지금 알고 있는 수학을 연결시켜 주기 위해 프엔트 교사는 대화를 시작하였다. 앨리사의 사고 과정에서 드러난 중요한 수들을 적으면서 일련의 발문을 하였다.

교사 : 698에는 12가 몇 번 들어가는지 알아보자. 그런데 빨리 구했으면 좋겠다.

앨리사 : (고개를 끄떡인다.)

교사 : 그리고 너는 12가 10개면 120이 되는 것을 알고 있으니 이것을 가지고 해보자. 698에는 12가 몇 번 들어가는지 눈으로만 보고서도 알겠니? 거기서 120을 몇 번 얻을 수 있을까?

앨리사 : (어림하며) 4번이요.

교사 : 그런데 넌 이미 12 곱하기 40을 하였고 698에는 도달하지 못했어.

앨리사 : (어림하며) 아마도 50이요.

교사 : 그러면, 12×50을 하면 얼마가 되니?

앨리사 : (주저한다.)

교사 : (다른 발문을 하기 전에 기다린다.) 12×5는 무엇이라고 알고 있니?

앨리사 : 60이요.

교사 : 그게 12×50을 아는 데 도움이 되지 않을까?

앨리사 : 그렇게 생각해요. 10배예요. 그래서 600이 됩니다!

교사 : 나는 "10배"를 좋아한다. 단지 0을 덧붙이려고 하지 마라. 자, 이제 거의 다 했다. 이 시점에서 무엇을 알아야 하지?

앨리사 : 98을 더 사용해야 해요.

교사 : 맞아. 그래서 무엇이라고 어림했니?

앨리사 : 12 곱하기 5는 60이에요. 그래서 98에 도달하려면 38이 더 있어야 해요.

교사 : 그러면, 38에 대해서는 무엇을 알고 있니?

앨리사 : 글쎄요. $12 \times 3 = 36$이요.

교사 : 그래서, 너는 프엔트씨가 가득 채울 수 있는 상자는 모두 몇 개인지에 대한 답이 무엇이라고 생각하니?

앨리사 : 58상자요.

교사 : 왜?

앨리사 : 12×50은 600이고, 12×5는 60이고 12×3은 36이에요.

교사 : 박스에 모든 연필이 들어가니?

앨리사 : 아니요. 2개가 남아요.

교사 : 그러면, 만약 프엔트씨가 모든 연필을 상자에만 담아야 한다고 하면 몇 상자가 필요할까?

앨리사 : 으음. 59개요.

교사 : 대단하구나!

이 시점에서 프엔트 교사는 앨리사가 보다 효율적인 전략을 개발하기 시작했는지 여부를 평가하기 위해 다른 문제를 제시하였다.

연필 8492자루가 있고 한 상자에 12자루씩 담는다면 정확히 상자가 몇 개 필요한가?

앨리사는 쓰기 시작했고, 그 결과는 [그림 3.5]와 같다.

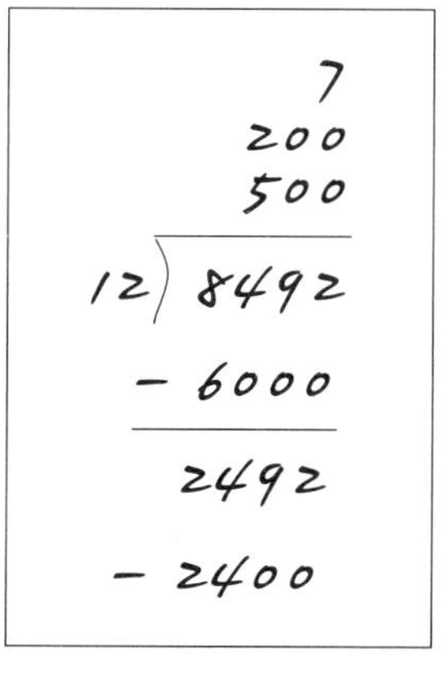

[그림 3.5] 프엔트 교사의 두 번째 문제에 대한 앨리사의 풀이에서 계산 부분

프엔트 교사는 앨리사가 8492를 쓴 후에 12개씩의 묶음을 빼고 있음을 알았다. 앨리사는 12×5가 60임을 기억하는 것으로 보였고, 12×500이 6000임을 추론했다. 앨리사는 8492에서 6000을 빼서 2492를 얻었고, 몫을 쓰는 부분에 기록을 남기기 위해 500이라고 썼고 2492가 남았을 때 멈췄다. 프엔트 교사는 발문을 시작하였다.

교사 : (제수 12와 차 2492를 가리키며) 12와 2492 – 난 네 머릿속에서 팍 떠올랐으면 하는 수가 보이는데. 뭐지?

앨리사 : 24가 생각났어요. 왜냐하면 12의 2배거든요. 그래서 20이 생각났어요. 12×20은 240이고, 12×200은 2400이에요. 이제 92가 남았어요. 좋아요. 전 12×10이 120인 것을 알아요. 그런데 그건 너무 많아요. 그리고 9×12는 108이에요. 그러나 12를 제거하면 96이 되니까 또 12를 제거하면 84가 돼요. 그래서 12×7은 84예요.

교사 : 그 아이디어를 어떻게 사용하려고 하니?

앨리사 : 92에서 뺄 거예요. (92 밑에 84를 쓰고 계속 쓰기 시작한다.) 그리고 92－84＝8. 8개가 남아요.

교사 : 그래서 필요한 상자의 개수에 대한 답을 뭐라고 결론을 냈니?

앨리사 : (부분합을 더하고 남아있는 연필 8개를 별도 상자에 넣으면) 708이요!

프엔트 교사는 학생들의 12와 관련된 곱셈 구구에 대한 지식이 이러한 효율적인 전략의 개발에 유용하다는 것을 이해하고 있다. 게다가 학생들이 보다 효율적인 전략에 관해 생각하면서 나눗셈에 대해 완전히 이해하고 있음을 깨닫는다. 그는 또한 학생들이 이렇게 충분히 이해하도록 돕기 위해서는 시간이 필요함을 알고 있다.

05 교수에 평가 접목하기

곱셈과 나눗셈에 대한 학생들의 이해를 평가하기 위하여 교사는 관찰, 토론, 단원 형성 평가, 수행 결과, 문제해결 시간 등을 사려 깊고 중요하게 고려할 필요가 있다. 이해를 위한 지도와 평가는 필연적으로 관련되어 있다. 교사는 학생들을 대화로 이끌고 관찰하면서, 학생들의 이해를 일관되게 탐색할 필요가 있다. 유능한 교사는 관찰을 통해 학생들의 이해에 대한 중요한 정보를 얻을 수 있다.

나눗셈에 대한 학생들의 이해를 평가하기 위한 수단으로 3학년 교사인 헨리씨는 발문을 어떻게 사용하는지를 살펴보자. 헨리 교사는 학생들에게 다음 문제를 제시하였다.

> 쿠키 18개를 친구 3명이 나누어 가지면 각각 몇 개의 쿠키를 갖게 되는가?

헨리 교사는 큐브를 가지고 이 상황을 표현하기 시작한 티렉이 잘 알고 있는 구구와 수 사이의 관계를 이용하여 답에 가까이 다가가고 있음에 주목하였다. 그런 다음에 정답을 얻도록 조정하였다.

헨리 교사는 교육적 수단으로 학생들의 이해 수준을 사용하는 것에 관심이 있었기에, 티렉의 이해의 깊이를 분명히 파악할 수 있을 때까지 추론 과정을 탐색하면서 발문을 하였다. 헨리 교사가 티렉이 문제를 해결할 때 하는 것과 말하는 것에 바탕을 둔 발문을 어떻게 하는지 살펴보자.

교사 : 난 네가 처음에 큐브를 5개씩 묶는 것을 보았어. 왜 그렇게 했니? 그리고 왜 묶음을 3개 만든 후에 멈췄니?

티렉 : 전 5개씩 세는 방법을 알아요. 그래서 5개씩 묶어야 한다고 생각했어요.

교사 : 너는 또한 5개씩 3묶음이 15라는 것을 알고 있어.

그런데 왜 네가 가지고 있는 쿠키를 5, 10, 15씩 세어서 확인을 했니?

티렉 : 글쎄요. 단지 다시 확인해야 한다고 생각했어요.

교사 : 알았어. 그렇게 한 후에 각각의 묶음에 하나씩 더 얹어놓았구나. 왜 그 다음에 멈췄니?

티렉 : 전 쿠키 15개를 아이들 3명에게 줄 수 있는 것을 알고 있었어요. 이 더미는 아이들이 갖게 될 쿠키예요. 그리고 쿠키 18개와 아이들 3명이 있어요. 제가 3개를 하나씩 더 더해주면 18개가 돼요. 답은 6이에요.

헨리 교사는 티렉의 사고를 이해하기 위해 발문을 제기하였다. 곱셈과 나눗셈에 대한 깊은 이해와 더불어 학생의 사고에 대한 지식은 교사가 학생들이 표현하고 추론하는 전략을 이해할 기회를 제공하는 학습 과제를 구성할 수 있게 해준다.

학생들의 사고에 대한 예, 학생들의 수학적 용어 사용, 그리고 곱셈과 나눗셈을 표현하기 위한 모델이나 기호적 절차를 행한 결과를 메모하면 학생이 오랜 시간에 걸쳐 이해가 어떻게 발달되었는지에 대해 알 수 있다. 아마도 티렉은 답에 접근하기 위해 익히 잘 알고 있는 5개씩 묶음을 이전에는 사용한 적이 없었기 때문에 정확한 답을 얻기 위해 자신의 풀이를 조정한 것이다. 티렉의 사고는 학생들이 수학을 형식적으로 이해하기 시작하면서 분배법칙을 어떻게 비형식적으로 사용하는지를 보여주는 예이다.

헨리 교사는 곱셈과 나눗셈에 대한 핵심아이디어와 필수 이해에 바탕을 두고서 학생들의 답변을 경청하면서 학생들의 이해를 평가하기 위하여 다음과 같은 다양한 발문을 하였다. 각 발문은 필수 이해에 바탕을 두고 있다.

> Big idea
>
> **핵심 아이디어 1**
> 곱셈은 덧셈과 더불어 여러 다양한 상황에서 문제를 표현하고 해결하기 위해 적절히 선택되어야 하는 두 가지 기본 연산 중 하나이다.

- 학생들이 언제 곱하고 나누어야 하는지를 이해하고 있는가?(핵심 아이디어 1)

- 곱셈과 나눗셈을 포함하는 다양한 상황을 어떻게 표현해야 하는지를 이해하고 있는가?(필수 이해 1c)
- 곱셈이 나눗셈 문제를 해결할 때 도움이 될 수 있음을 이해하고 있는가?(필수 이해 1e)
- 학생들이 곱셈의 성질을 이해하고 성질을 언제 효율적으로 사용하는지 아는가?(필수 이해 2a)

필수 이해 1c
곱셈으로 표현될 수 있는 상황에는 '~배'를 나타내는 스칼라(scalar) 요소와 스칼라가 적용되는, 즉 '~배 할' 양을 나타내는 요소가 있다.

필수 이해 1e
나눗셈은 곱셈의 역연산으로 정의된다.

필수 이해 2a
곱셈의 교환법칙과 결합법칙, 덧셈에 대한 분배법칙이 성립하며, 이는 범자연수 계산의 유연성을 보장하고, 계산 절차에 대한 정당성을 제공한다.

이러한 발문에 대한 답변은 헨리 교사가 다양한 구조를 갖는 틀에 박힌 문장제를 푸는 부가적인 경험이 학생들에게 필요한지를 판단할 수 있게 해준다. 이러한 문제들은 학생들이 언제 나누어야 하는지에 보다 나은 이해를 하게 해주고, 학생들에게 나눗셈 문제를 해결하기 위해 곱셈을 사용할 기회를 제공해 준다.

06 결론

곱셈과 나눗셈 개념을 지도하는 과제는 도전적인 것이다. 이러한 개념은 3~5학년 이후의 수학 학습의 기초를 제공하기 때문에 학생들이 장래의 수학 학습에 필요한 이해를 발달시킬 기회를 가져야 한다는 것은 매우 중요하다.

본 장은 학생들이 그러한 토대를 발달시키도록 도울 수 있는 효과적인 지도의 여러 측면을 제시하였다. 교사들이 학생들의 사고가 유연하고 점진적인 이해를 반영하는 수준까지 어떻게 발달되어 갈 수 있는지는 물론 다양한 전략들을 이해하는 것이 중요하다. 수학에 대한 교사의 지식은 이러한 과정에서 중요하다. 왜냐하면 교사들이 깊이 이해하는 것이 학생들이 자신들만의 견고한 이해를 갖게 하는 보증서의 역할을 하기 때문이다.

참고문헌

Barnett-Clarke, Carne, William Fisher, Rick Marks, and Sharon Ross. *Developing Essential Understanding of Rational Numbers for Teaching Mathematics in Grades 3–5.* Essential Understanding Series. Reston, Va.: National Council of Teachers of Mathematics, 2010.

Bates, Tom, and Leo Rousseau. "Will the Real Division Algorithm Please Stand Up?" *Arithmetic Teacher* 33 (March 1986): 42–46.

Blanton, Maria, Linda Levi, Terry Wayne Crites, and Barbara J. Dougherty. *Developing Essential Understanding of Algebraic Thinking for Teaching Mathematics in Grades 3–5.* Essential Understanding Series. Reston, Va.: National Council of Teachers of Mathematics, 2011.

Caldwell, Janet H., Karen Karp, and Jennifer M. Bay-Williams. *Developing Essential Understanding of Addition and Subtraction for Teaching Mathematics in Prekindergarten–Grade 2.* Essential Understanding Series. Reston, Va.: National Council of Teachers of Mathematics, 2011.

Caliandro, Christine Koller. "Children's Inventions for Multidigit Multiplication and Division." *Teaching Children Mathematics* 6 (February 2000): 420–24, 426.

Carey, Deborah A. "*The Patchwork Quilt:* A Context for Problem Solving." *Arithmetic Teacher* 40 (December 1992): 199–203.

Cooney, Thomas J., Sybilla Beckmann, and Gwendolyn M. Lloyd. *Developing Essential Understanding of Functions for Teaching Mathematics in Grades 9–12.* Essential Understanding Series. Reston, Va.: National Council of Teachers of Mathematics, 2010.

Dougherty, Barbara J., Alfinio Flores, Everett Louis, and Catherine Sophian. *Developing Essential Understanding of Number and Numeration for Teaching Mathematics in Prekindergarten–Grade 2.* Essential Understanding Series. Reston, Va.: National Council of Teachers of Mathematics, 2010.

Englert, Gail R., and Rose Sinicrope. "Making Connections with Two-Digit Multiplication." *Arithmetic Teacher* 41 (April 1994): 446–48.

Flournoy, Valerie E. *The Patchwork Quilt.* New York: Dial Books for Young Readers, 1985.

Fuson, Karen C. "Toward Computational Fluency in Multidigit Multiplication and Division." *Teaching Children Mathematics* 9 (February 2003): 300–305.

Graeber, Anna O. "Research into Practice: Misconceptions about Multiplication and Division." *Arithmetic Teacher* 40 (March 1993): 408–11.

Hendrickson, A. Dean. "Verbal Multiplication and Division Problems: Some Difficulties and Some Solutions." *Arithmetic Teacher* 33 (April 1986): 26–33.

Lannin, John, Amy B. Ellis, and Rebekah Elliott. *Developing Essential Understanding of Mathematical Reasoning for Teaching Mathematics in Prekindergarten–Grade 8*. Essential Understanding Series. Reston, Va.: National Council of Teachers of Mathematics, forthcoming.

Lobato, Joanne, and Amy B. Ellis. *Developing Essential Understanding of Ratios, Proportions, and Proportional Reasoning for Teaching Mathematics in Grades 6–8*. Essential Understanding Series. Reston, Va.: National Council of Teachers of Mathematics, 2010.

National Council of Teachers of Mathematics (NCTM). *Principles and Standards for School Mathematics*. Reston, Va.: NCTM, 2000.

——. *Curriculum Focal Points for Prekindergarten through Grade 8 Mathematics: A Quest for Coherence*. Reston, Va.: NCTM, 2006.

——. *Focus in High School Mathematics: Reasoning and Sense Making*. Reston, Va.: NCTM, 2009.

National Mathematics Advisory Panel. *Foundations for Success: The Final Report of the National Mathematics Advisory Panel*. Washington, D.C.: U.S. Department of Education, 2008.

Quintero, Ana Helvia. "Children's Conceptual Understanding of Situations Involving Multiplication." *Arithmetic Teacher* 33 (January 1986): 34–37.

Sowder, Judith T. "Estimation and Number Sense." In *Handbook of Research on Mathematics Teaching and Learning*, edited by Douglas A. Grouws, pp. 371–89. New York: Macmillan, 1992.

Thiessen, Diane. *The Wonderful World of Mathematics: A Critically Annotated List of Children's Books in Mathematics*. 2nd ed. Reston, Va.: National Council of Teachers of Mathematics, 1998.

Thiessen, Diane. *Exploring Mathematics through Literature: Articles and Lessons for Prekindergarten through Grade 8*. Reston, Va.: National Council of Teachers of Mathematics, 2004.

Weiland, Linnea. "Matching Instruction to Children's Thinking about Division." *Arithmetic Teacher* 33 (December 1985): 34–35.

백석윤
•미국 템플대학교 대학원 수학교육학 박사
•서울교육대학교 수학교육과 교수

류현아
•건국대학교 대학원 수학교육학 박사
•진주교육대학교 수학교육과 교수

이종영
•서울대학교 대학원 수학교육학 박사
•전주교육대학교 수학교육과 교수

도주원
•서울교육대학교 교육전문대학원 초등수학전공 박사과정
•서울방현초등학교 교사

수학교사를 위한 지침서 02
곱셈과 나눗셈의 필수 이해

2016년 11월 10일 초판 인쇄
2016년 11월 15일 초판 발행

저 자 Albert Dean Otto, Janet H. Caldwell, Cheryl Ann Lubinski, Sarah Wallus Hancock
역 자 백석윤, 류현아, 이종영, 도주원
발행자 오판근
발행처 교우사

주 소 서울특별시 동대문구 약령시로 8 교우빌딩 2층
전 화 925-2861~2, 편집부 / 925-2825, 홈쇼핑 / 969-5762
팩 스 925-2860

E-mail kyowoo@kyowoo.co.kr
홈페이지 http://www.kyowoo.co.kr
북스토어(쇼핑몰) http://www.kyowoo.co.kr

등 록 1994. 3. 24 제6-0256호

ISBN 979-11-251-0169-7(94410)
979-11-251-0167-3(세트)
값 10,000원